宋金星　刘玉芳　王　乾　著

Microporous Overpressure Theory
of Coal Measures Gas Reservoir and Its Application

煤系气储层微孔超压
理论及应用

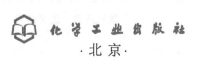

化学工业出版社

·北京·

内 容 简 介

本书以煤系气储层孔裂隙特征和孔隙压力环境的研究为前提，结合"四史演化"，对煤系气储层孔隙压力环境的演化机制进行了探讨，并提出了"毛管压力是形成煤系气储层微孔超压赋存环境的关键因素"这一科学论断；立足于煤系气储层微孔超压赋存环境，构建了考虑微孔超压环境的煤系气资源量计算方法，并对宿南向斜下石盒子组 SN-01 区块的煤系气资源量进行了计算评价；对基于微孔超压环境的煤系气运移产出机制进行了重新梳理，探讨了煤系气储层流体层间窜流规律，揭示了段塞流的形成机制与控制方法，并通过我国中部某区块两口煤层气井的现场应用进行了验证。

本书可供从事非常规天然气勘探开发、煤矿井下瓦斯抽采的工程技术人员和科研人员，以及相关专业高等院校师生参考使用。

图书在版编目（CIP）数据

煤系气储层微孔超压理论及应用/宋金星，刘玉芳，
王乾著. —北京：化学工业出版社，2022.9
ISBN 978-7-122-41747-3

Ⅰ.①煤… Ⅱ.①宋… ②刘… ③王… Ⅲ.①煤层-
地下气化煤气-地下开采-研究 Ⅳ.①P618.11

中国版本图书馆 CIP 数据核字（2022）第 110552 号

责任编辑：邢启壮 窦 臻　　　　　　　责任校对：宋 玮
装帧设计：张 辉

出版发行：化学工业出版社（北京市东城区青年湖南街 13 号　邮政编码 100011）
印　　装：北京科印技术咨询服务有限公司数码印刷分部
710mm×1000mm　1/16　印张 14½　彩插 3　字数 240 千字　2022 年 9 月北京第 1 版第 1 次印刷

购书咨询：010-64518888　　　　　　　　售后服务：010-64518899
网　　址：http://www.cip.com.cn
凡购买本书，如有缺损质量问题，本社销售中心负责调换。

定　　价：88.00 元　　　　　　　　　　　　　版权所有　违者必究

前言

20世纪70年代，美国在圣胡安和黑勇士盆地进行了煤层气地面开发实验并取得成功；1989年全国煤层气研讨会第一次召开，我国煤层气勘探开发正式拉开序幕，随后"煤系气"的概念被引入，并受到相关学者的重视。煤系气是指煤系当中的烃源岩（煤、炭质泥岩、暗色页岩等）在地质演化过程中，经生物化学作用和物理化学作用生成的并赋存于煤系各类储层中的天然气。据中国地质调查局油气调查中心2019年的统计资料，中国沁水盆地、鄂尔多斯盆地、准噶尔盆地、海拉尔盆地等地区均具有较大的煤系气资源量，且2000m以浅的煤系气资源总量可达$8.2 \times 10^{13} \mathrm{m}^3$，表明其具有极大的开发潜力。加快煤系气资源的商业化开发不仅有利于我国能源结构的调整，还对我国"双碳"目标（碳达峰、碳中和）的实现、煤矿安全生产具有重要意义。

煤系气储层是指含煤岩系中的煤、页岩和致密砂岩，这类岩层以纳米级微孔普遍存在为特征。对于煤层和煤系页岩层而言，在其形成演化过程中不断有部分固体有机质转化为气体和水，在煤系气储层孔隙内必然会出现气水两相界面，由此产生毛管压力，孔隙内游离气体承受的压力不仅包括储层压力，而且包括毛管压力。水在10nm的孔隙中毛管压力就能超过10MPa，若再加上储层压力，对于埋深在1000m以浅的煤系气储层而言，孔径在10nm以下的纳米级微孔隙中已经是超压环境了。以往对孔隙压力的研究主要考虑的是传统意义上的储层压力，没有考虑毛管压力作用下的纳米级微孔的压力环境特征。这种孔隙压力环境在地质历史时期的演化规律，将直接影响含气量的演化历史、影响现今的煤系气的赋存乃至运移产出。

煤系气储层微孔超压环境的形成与储层在地质历史时期成藏、生烃等过程密切相关。对于煤层和煤系页岩层而言，开放型微孔内的水环境是造成其超压环境形成的重要原因，而死孔隙内所保存的气体压力环境受其形成时的温度、压力、孔隙体积、孔隙内气液的成分和比例、演化过程中温度和压力场的变化等因素影响。本书通过煤系气储层的埋藏史、热史以及成熟度史，结合等温吸附实验和包裹体测试，恢复了煤系气储层死孔隙和连通孔隙压力演化史。死孔隙压力由于生烃作用处于超压状态，而连通孔隙压力在生烃作用期间表现为超压，后期由于地层抬升导致煤系气散失，孔隙压力下降，但毛管压力的作用导致其仍然处于超压状态。

煤系气资源量计算结果的准确性将直接影响到煤系气选区评价以及开发方案的制定。虽然我国在常规气藏资源量评价、计算方面有着完整的评价体系，但在煤层气、页岩气、致密砂岩气等非常规气藏资源量评价体系建设方面还有待提高。随着我国非常规气藏的开发，自然资源部相继颁布了煤层气、页岩气资源量评价的行业标准，对非常规气藏的开发具有指导意义。然而煤系气储层孔隙气相压力与储层压力并非等同，但目前传统基于储层压力评价煤系气含量的间接计算方法仍采用储层压力替代孔隙气相压力进行计算，这将导致煤系气含量计算结果比储层实际含气量要小，使得煤系气资源量被低估。本书利用理想气体状态方程、兰氏方程和亨利定律，结合拉普拉斯方程，推导出基于微孔超压环境下游离气、吸附气和溶解气的计算公式，建立了微孔超压环境下的含气量计算方法，并对宿南向斜下石盒子组 SN-01 区块的煤系气资源量进行了计算评价，进一步提高了资源量计算的可靠性。

了解煤系气的运移机理及产出特征，对进行煤系气的勘探和开发十分重要。煤系气井排采时，尽管已经认识到煤系气储层内由于毛管压力的存在导致产生水锁效应，但是目前在煤层和煤系页岩层内的煤系气运移产出机理是以"储层内表面解吸-微孔扩散-天然裂隙渗流"为基础，忽视了由毛管压力形成的微孔超压环境对煤系气运移产出过程的重要影响。本书认为基于微孔超压理论的煤系气运移产出机理与以往的认识存在很大不同，超压环境对饱和单相水流阶段和不饱和单相水流阶段影响较大，远高于储层的孔隙压力，也使煤层气和煤系页岩气在解吸后先溶解于水中，直至水中溶解气达到饱和才有气泡出现。气泡在压差的驱动下低速非线性渗流运移至割理/裂缝，同时将孔隙内的水驱赶至割理/裂缝。在这一过程中孔隙压力逐渐降低，孔隙内的超压环境逐渐得以解除，气水两相流阶段流体的运移不再受到超压环境的影响。此外，煤系气储层通常以多层叠置的方式存在，而各类储层岩石力学性质、气体赋存特征和生产过程中储层敏感性等均存在较大差异，导致储层改造和排采阶段均有层间干扰发生。因此，本书对单相流和两相流阶段流体层间窜流规律进行研究，发现煤系气开发过程中流体层间窜流可能引发高渗层出现段塞流。基于微孔超压理论的煤系气运移产出机理对煤系气开发工程具有很多启示。首先，煤系气井排采的第一阶段时间要尽量长些，尽量把可能多的水排出，形成大范围的压降漏斗。其次，是对气液两相流阶段割理/裂缝中的速敏性和段塞流控制，不仅可以通过压裂液来控制水锁、速敏性、段塞流，也可以通过优化排采强度来控制。

纳米级微孔压力环境的演化，特别是微孔超压形成机理的研究方兴未艾，这一客观现象的认识将对非常规天然气，特别是泥页岩油气和煤层气资源的再认识是一个质的飞跃；对瓦斯突出机理的揭示起到推动作用。对这种微孔超压理论的研究，不仅是对煤系气地质理论的重要补充，而且更加有开发意义，可能会更新煤系气勘探开发理念。本书正是基于上述煤系气勘探开发领域存在的问题和作者近几年来的实验室测试及现场试验取得的成果，借鉴了其他学科的先进理论和技术，经过系统的分析研究，历时 3 年形成的一部关于煤系气勘探开发核心技术的著作。希望此书能够为我国煤系气大规模商业化开发提供一些基本思路和技术。

全书共分 6 章，具体分工为：第一章由宋金星编写；第二章由宋金星、刘玉芳编写；第三章由宋金星、刘玉芳编写；第四章由宋金星、刘玉芳编写；第五章由宋金星、王乾、刘玉芳编写；第六章由宋金星、王乾、刘玉芳编写。全书由宋金星统稿、定稿。

此书是"河南省煤层气工程科技创新型团队"与"中原经济区煤层（页岩）气河南省协同创新中心"的最新成果，是集体智慧的结晶，是在国家自然科学基金面上项目（41872176）、山西省科技重大专项项目（20191102001）、河南省自然科学基金青年科学基金项目（222300420173）、河南省科学技术厅重点科技攻关项目（212102310599）、河南理工大学博士基金项目（B2018-10）的资助下完成的。参与本书研究工作的还有：硕士研究生司青、陈陪红、姚顺、刘程瑞、史俊可、张惠妍、褚星月，在此一并表示感谢！著者引用了大量的国内外参考文献，借此机会对这些文献的作者表示感谢！

由于著者水平有限，书中难免存在疏漏和不足之处，恳请读者予以指正！

著者

2022 年 3 月

目录

第一章
绪　论

煤系气是由整个煤系中的烃源岩母质在成煤作用过程中生成的全部天然气，根据其赋存岩性可区分为煤层气、泥页岩气和致密砂岩气[1-3]。这三种煤系气中，煤层气资源最为丰富，研究程度最高，开发技术相对成熟，局部地区已经实现了大规模商业化开发；其他两种气，特别是在浅层（1500m以浅）究竟有没有开发价值，目前还没有定论。值得注意的是部分薄煤层、炭质泥岩和泥页岩中丰富的有机质形成的吸附气含量是不可忽视的，这些气在气测录井和测井中都有显示，但并没有充分考虑其资源条件和可开发性。因此，选择煤系气储层进行研究不仅是对煤系气资源的进一步认识，更是对其开发条件的深入评价，同时煤系气储层既有与其他非常规天然气储层相同的一面，又有其独特的部分，这正是本书把煤系气储层作为研究对象的出发点。

第一节　微孔超压环境及其研究意义

一、微孔超压环境的由来

以往关于煤层气生成、运移、富集的静态和动态控制因素都有相对成熟的研究方法和比较明确的认识，但是在煤矿瓦斯灾害治理和非常规天然气开发领域，一些用现有的赋存理论难以解释的问题比比皆是，常见的包含以下几方面。其一，瓦斯突出后涌出的瓦斯量远远大于煤的最大吸附能力。其二，部分煤矿在严重突出的煤层打钻时，钻孔内和煤屑温度高达100℃，且出现煤屑膨胀现象。其三，瓦斯突出时的异常高压和巨大能量来自哪里？其四，近期煤系气联合开发发现游离气的贡献远远高于以前的认识。其五，部分煤层气井的最终产气量远远大于其控制的地质储量。其六，页岩气井的高产预示着游离气的贡献，但如此致密的低孔低渗岩石，按照常规的理论，游离气的量不足以支撑如此高的单井产量；如果考虑吸附气的贡献，不会有如此大的解吸与扩散速率。其七，一些含水饱和度低、毛管压力高的储层，水力压裂后水锁伤害严重，难以商业化开发。对于这些异常现象，要么是存在还没有被揭示的赋存状态，要么是赋存的环境条件没有被充分认识。

在煤层气领域，以往人们试图以第四态——吸着态的存在来解释，然而迄今为止还没有真正探测到这一赋存状态的存在[4,5]。温压环境可能是造成这些异常的核心控制因素。温度场是均一的、随深度增加而增加的、可以准确测定的，因而压力环境的复杂性可能是主因。关于压力环境条件，根据笔者近期研究结果可知，孔隙毛管压力的重要性不可忽视。对于埋深在 1000m 以浅的煤层，静水柱压力小于 10MPa，而煤中微孔孔径在 10nm 时，孔隙内毛管压力便可达到 10MPa，若再加上储层压力，孔径在 10nm 以下的纳米孔隙中已经是超压环境了（图 1.1）。由压汞实验测得的孔隙分布与毛管压力的对应关系表明，煤中孔径在 10nm 以下的微孔广泛分布，且孔径越小，孔隙内毛管压力越大，超压越显著。随着煤系气储层埋深的增加，形成超压环境的微孔越小。煤系气储层的孔裂隙特征不仅影响煤系气的赋存，而且控制着孔隙压力的形成过程。以美国为代表的页岩气的大规模商业化开发，特别是近期在得克萨斯州和伊朗大规模页岩油气的发现，不仅仅宣告这一非常规油气的存在，更预示着新的理论、新的机理的存在。由于毛管压力的影响，非常规油气赖以赋存的孔隙，特别是纳米级微孔的压力环境已不完全是以往人们认识的储层压力，而是远远高于此压力的[6]，但具体的形成机制还有待进一步探讨。

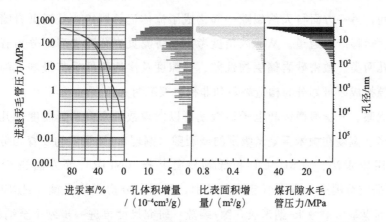

图 1.1　煤孔隙孔径分布与毛管压力对应关系（以焦作中马村矿为例）

二、微孔超压环境的研究意义

由此可见，煤系气储层纳米级微孔中超压环境的客观存在可能是造成这些异常现象的根源，因此对其纳米级微孔发育特征及其压力环境进行系统研究，可为煤系气的开发提供理论支撑，研究具有如下两重意义：

（1）丰富煤系气赋存的地质学理论，查明纳米级微孔超压环境的形成机制，弥补这一领域研究的不足。

（2）纳米级微孔超压环境形成机理的研究方兴未艾，对这一客观现象的认识将对非常规天然气，特别是泥页岩气、泥页岩油和煤层气资源的再认识是一个质的飞跃；对瓦斯突出机理的揭示起到推动作用。

第二节 微孔超压环境的研究现状

本节将介绍涉及煤系气储层孔隙的形成与孔径分布特征、孔隙压力环境的形成机制，以及孔隙压力对煤系气赋存、资源评价和运移产出的影响等多个领域。

一、煤系气储层孔裂隙特征研究

煤是由基质孔隙和裂隙组成的双孔隙介质，基质孔隙控制煤层气的赋存和扩散，裂隙控制煤层气的渗流产出[7]。泥页岩中的孔隙一方面成为气体赋存的主要空间，另一方面与天然裂隙一起构成了流体运移网络，是泥页岩储层中流体的天然运移产出通道。从成因角度考虑，将泥页岩孔隙类型划分为有机质孔和矿物孔两类。致密砂岩储层物性差、孔隙度及渗透率低是其最基本的地质特征，裂隙按成因可划分为构造裂隙和非构造裂隙两大类[8,9]。

用肉眼、光学显微镜和电子显微镜可以发现数量众多的延展度在几厘米至几十厘米、宽度在微米至毫米级别的微裂隙（割理），微裂隙的发育与分布规律可以采用压汞法、SEM、CT 和低场核磁共振（NMR）等方法进行定量研究[10]；研究范围进一步缩小至微米级别，利用高分辨扫描电镜（HRSEM）可以观测到煤基质中微米-纳米级孔隙/裂隙；研究尺度再进一步缩小至纳米尺度，运用原子力显微镜（AFM）和高分辨透射电镜（HRTEM）可以观测到纳米-亚纳米级孔隙。压汞法和气体吸附方法是测定煤中不足 1nm 至几百微米孔径范围内孔隙的孔容、孔径、比表面积和孔隙分布的最为有效和常用的方法。宽离子束抛光高分辨扫描电镜（BIB-SEM）可用于研究煤中 $10nm \sim 10\mu m$ 之间大孔和过渡孔的孔容、分布与形态。Yao 等应用低场强核磁（LFNMR）[11]、微聚焦 X 射线 CT(μ-CT)[12]、扫描电镜和光学显微镜分析了煤中纳米至微米级孔隙/裂隙的成因、形态、孔隙率、孔隙结构及其空间分布。在微裂隙和超微孔隙的研究中一些新的方法与技术也逐步被应用，如 DDIF-NMR、μ-CT 和多分辨二维显微切片方法与技术已经被应用到常规砂岩和碳酸盐储层的孔隙分布、裂隙评价以及三维可视系统构建的研究中[13-20]。

二、煤系气储层孔隙压力的形成机制研究

(一) 煤系气储层孔隙压力的形成机制已基本明确

煤系气孔隙压力在整个地质演化史中的变化可描述如下：煤层在埋藏过程中不断生气（增压）—煤层吸附—再生气—压力积聚—割理形成—解吸—扩散—割理与微孔隙压力平衡—生气量继续增加—割理中水的溶解气达到饱和，出现游离气—压力继续集聚—突破煤层顶底板的排驱压力或进一步达到顶底板的破裂极限—煤层流体向外渗流—煤层压力降低—在上覆应力的作用下煤层顶底板裂缝与煤割理闭合。这个过程周而复始[21]，是一个微裂缝排烃的过程。后期的抬升、剥蚀作用是这一过程的延续。抬升前，由于刚经历过生烃，甲烷的赋存量（吸附量、游离量和溶解量）达到当时温压环境下的极大值。在煤系抬升和沉降过程中，随着温度和压力的不断变化，煤系气的理论含气量也在变化。在生烃后的地质演化过程中三种赋存状态在相互转化，同时一定有异地煤系气的运移集聚或溶解态向吸附态的转化，否则就不会有现今的高含气量。如焦作地区，在生烃结束时的高温高压环境下，吸附和游离气的量非常有限，远远低于现今的实测含气量；但溶解气有可能非常丰富[22,23]，同时已经被剥蚀掉的煤系中的气，在抬升过程中由于地下水的作用会向深部煤系运移造成富集。在这一演化过程中，孔隙压力（毛管压力＋储层压力）将重新分布。

煤系储层埋藏过程、生气作用、内部流体体积受热变化是地质历史中孔隙压力形成的主要机制，而煤层割理与煤盖层突破在引起煤层压力变化、大规模的流体向外运移过程中扮演着极为重要的降压角色；后期的抬升、剥蚀作用，使煤层温度降低，引起流体体积收缩、上覆负荷应力减小、封盖条件的破坏、生气作用的停止，尤其是近地表的水文地质条件的改变，是控制现今煤系孔隙压力分布的主要原因。水热作用、构造应力、水动力等在不同时期、不同部位具有双重性。在国内外聚煤盆地中存在着的异常高压现象，如美国的 San Juan盆地、Powder River 盆地，Piceance 盆地的 WilliamFork 地层和 Sand Wash 盆地等，以及国内的黔西比德-三塘盆地、沁水盆地等[24]。虽然超压环境的产生是各地质因素综合作用的结果，但是煤储层较高的含气性、发育的基质纳米孔隙及较差的连通性，是致使流体产出通道堵塞，形成局部高压和瓦斯包的重要原因[25~27]。但在煤系气评价及开发过程中如何界定这样的超压环境，盆地演化如何影响并控制孔隙压力环境形成，及其对煤系气运移产出机理的影响和控制机

理等研究还有待深入。

（二）对煤储层纳米级微孔超压环境形成过程有了初步的认识

笔者通过近期研究对煤储层微孔超压环境形成过程有了初步的认识：煤储层微孔超压环境的形成与煤在地质历史时期成藏、生烃等过程密切相关；开放型微孔内的水环境是造成其超压环境形成的重要原因，而死孔隙内所保存的气体压力环境受其形成时的温度、压力、孔隙体积、孔隙内气液的成分和比例、演化过程中温度和压力场的变化等因素影响[28]。

煤是一种由植物遗体经泥炭化作用、成岩作用和变质作用形成的固体化石燃料。其中，泥炭化作用是在沼泽水环境下进行的，通常生成的泥炭水分含量极高；成岩作用阶段，泥炭发生压实、脱水、增碳等作用，这一阶段也是在水环境下进行的，且形成了原生生物成因的甲烷[29]。随着埋深的进一步增加，温度和压力越来越高，煤化作用进入变质作用阶段。热成因气是在煤化作用阶段，煤经复杂的物理、化学变化产生的煤层气，以甲烷为主，还有微量的重烃，无机气体多为二氧化碳、氮气和微量的硫化氢等，在这一过程有中液态产物伴生，包括液态烃类和水[30,31]。这些液态物质的存在，为毛管压力的形成奠定了基础，和埋深一并决定了超压的存在与否。煤中水环境是客观存在的，只是水的含量不同而已，煤的工业分析结果证实了这一点。

在煤化作用过程中，煤成烃的同时形成了大量气孔，加之残留植物组织孔、次生矿物孔隙、晶间孔和原生粒间孔，构成了煤储层复杂的基质孔隙结构[32]。煤基质孔隙大小、形态多样，孔径在 10nm 以下的微孔大量分布[32]。除了与其他孔隙、裂隙相连通的开放性孔外，有相当一部分孔隙被孤立在煤基质当中，不与其他孔隙、裂隙相连通，称为死孔隙。这部分类似于包裹体的孔隙如果在地质演化过程中不破裂，其中的气、液态物质就能保存下来[32]。煤中死孔隙和开放性孔隙均有可能存在超压环境，且两者超压环境的形成机理存在差异。

1. 死孔隙中微孔超压环境的形成[28]

煤中包含气、液体的死孔隙内流体压力随着气体体积的改变而改变，若生烃过程继续进行，死孔隙内流体压力将会增大，超过煤体破裂压力时，这些孔隙将破裂，其中所含的气、液体将排出，孔隙转化为连通孔隙；相反，若流体压力低于破裂压力，则原始的压力环境得到保存，仍为死孔隙。由死孔隙内气、液体形成时的温压环境，演化到现今条件下的温度下的压力环境会发生严重的变化，这一变化取决于原始状态下的孔隙流体压力、温度、孔隙体积和孔隙内物质成分。河南焦作地区二$_1$煤层的埋藏史、热史反映了死孔隙中超压环境形成的全过程（图1.2）。

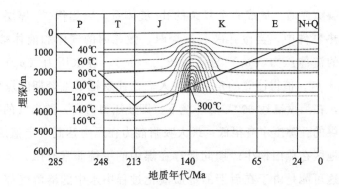

图 1.2 河南焦作地区二$_1$煤层埋藏史、热史

如图1.2所示，焦作地区二$_1$煤层从晚二叠世早期开始形成并逐渐被埋藏，在三叠纪末期达到最大埋深。此时煤层承受的温度为130℃左右，第一次生烃达到高峰，且处于液态烃的形成高峰。之后，经历了早侏罗世末期的短暂抬升和中侏罗世的短暂沉降后，便进入了持续抬升阶段，古近纪末期达到最高抬升阶段，之后不同地区有不同程度的沉降。在晚侏罗世至早白垩世期间，河南焦作地区与华北其他地区一样，经历了一期异常热事件，此时的地温梯度高达6℃/100m，二$_1$煤层遭受了近300℃的高温，煤层发生了二次生烃，且生成的气体主要是甲烷。这时也是煤体内部大量热变气孔的形成时期，破裂、排烃的孔隙形成连通孔隙，保持孤立的为死孔隙。死孔隙内的温度和压力决定了其后期演化过程中，一直到现今的孔隙内的压力变化。这些死孔隙多为纳米级，其形成时的温度将近300℃；最高压力为煤的破裂压力，由埋深和煤的抗拉强度以及正常的孔隙压力可大体估算为60~70MPa。孔隙内的煤层气含量由游离气和吸附气组成，游离气的含量因孔隙体积较小、温度较高而有限；对吸附气而言，在如此高的温度下最大吸附能力也非常低。在后期的抬升过程中，随着温度的不断降低，最大吸附能力不断增加，不断由游离态的气体转化为吸附态；游离态气体量持续减少，整个孔隙内的压力不断降低。初步的计算表明，具有焦作这种演化史的煤，在现今的温度和静水压力下，死孔隙内难以形成超压。但死孔隙内的煤层气依然存在，在进行含气量测试时部分在煤样破碎时作为残留气逸出，部分仍保持原始状态。

2. 开放型孔隙中微孔超压环境的形成[28]

开放型孔隙是指煤中相互连通、煤层气能够从中运移产出的所有孔隙，从影响吸附的比表面积角度，绝大部分开放型孔隙隶属热变气孔。当煤层气形成并在孔隙内集聚呈高压状态时，一旦突破煤的破裂压力，就会发生排烃，并与其他孔隙和裂隙连通，形成一个复杂的孔-缝体系。以焦作二$_1$煤层为例，在燕山期的异常热事件中，当微孔破裂排烃时，微孔内的气体和液体被快速排出，直至孔隙内的流体压力（p_p）与毛管压力（p_c）、静水压力（p_h）达到平衡，即：$p_p = p_c + p_h$。值得注意的是，以往人们往往忽视了生烃期间煤储层的保存甲烷的能力，在温度高达 300℃ 的环境下，即使压力再高，游离气的含量也是有限的，因为煤的孔隙度本身很低；最大吸附能力在压力达到一定值后不再增加。可见，焦作地区在燕山期生烃期间保存在煤中的甲烷非常有限，远远低于现今的含气量，这可能是由于在后期的地质演化过程中水中的溶解气部分转化为吸附气，高温高压下的溶解气含量是非常可观的；其次，在抬升过程中浅部的煤层气在地下水的作用下不断向深部运移聚集，美国的圣胡安盆地和中国沁水盆地东南部都有此条件。没有后期的补充，就没有现今的高含气量。生烃结束后，后期的演化过程中微孔的压力环境随温度的降低、原有甲烷相态的转化、外来甲烷等气体通过溶解扩散等途径的不断补充而不断地调整，但是施加在这些微孔内气体上的力始终是储层压力和毛管压力之和，这就为超压环境的形成创造了条件。初步的计算和分析表明，河南焦作地区的二$_1$煤有一部分孔径的孔隙现今是完全可以维持超压状态的。

以往的研究主要考虑的是传统意义上的孔隙压力，也就是储层压力，没有考虑毛管压力作用下的纳米级微孔的压力环境特征。纳米级微孔压力环境的演化，特别是超压环境形成机理的研究方兴未艾，这一客观现象的认识将对非常规天然气，特别是泥页岩油气和煤层气资源的再认识是一个质的飞跃，对瓦斯突出机理的揭示起到推动作用。

三、煤系气赋存规律研究

（一）垂向上煤系气含量的理论变化规律

煤系气包括煤层气、泥页岩气和致密砂岩气，其中煤层气以吸附为主，致密砂岩气以游离态为主，泥页岩气介于二者之间[33-35]。煤系气具有"自生自储、源储相依、储盖交互、多态并存、两相产出"的特点。在煤系气储层中泥页岩层多出现与煤层、致密砂岩层互层现象，泥页岩层和煤层自生自储，致密砂岩作为储层必须依赖于前两者为其提供气源，三者均为储层，部分又互为盖层；

煤系气以吸附、游离、溶解等多种状态赋存，排采过程中以气水两相形式产出。从煤层气到泥页岩气、致密砂岩气储层，吸附气所占比例逐渐降低，游离气逐渐增加，溶解气则取决于温度、压力和矿化度等（图1.3）。

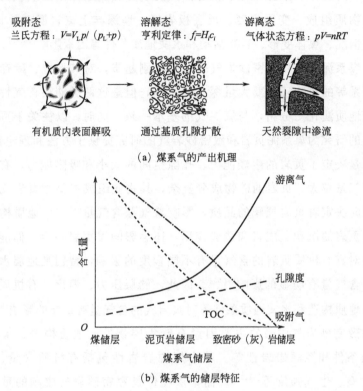

吸附态　　　　　　　　溶解态　　　　　　游离态
兰氏方程：$V=V_L p/(p_L+p)$　亨利定律：$f_i=H_i c_i$　气体状态方程：$pV=nRT$

有机质内表面解吸　　通过基质孔隙扩散　　天然裂隙中渗流

（a）煤系气的产出机理

游离气

含气量

孔隙度

TOC

吸附气

O

煤储层　　　泥页岩储层　　致密砂（灰）岩储层

煤系气储层

（b）煤系气的储层特征

图1.3　煤系气的赋存特征

　　无论是哪一种赋存状态，都受其所处的温压环境的控制。煤系三气含量的垂向变化规律各不相同，随着深度的增加，控制煤层气吸附的温度和压力在不断地增加，煤层的理论含气量在垂向上将不断变化，在1500m左右达到极大值，之后由于温度对吸附的影响超过了压力，含气量缓慢降低。泥页岩气主要包括吸附气与游离气两部分，因其自身有机质含量的高低，二者所占比例不同，吸附气含量垂向变化与煤层气相同；游离气与致密砂岩气相同，但总体上随深度增加而持续增加。随深度增加，致密砂岩气理论含气量增加，且在埋深1000m后超过泥页岩气。三气总量在1500m左右达到极大值，然后随深度增加理论含气量几乎不变。因此，从资源的角度，1500m以浅以煤层气为主要开发对象，1500m以深煤层气依然是主体，泥页岩气和致密砂岩气可开发性增强。

(二) 煤系气赋存的控制因素基本明确

煤层气的赋存规律已经有了相对深入的研究和相对深刻的认识，其赋存主要受煤的物质组成、变质程度、顶底板岩性、埋深与上覆岩层有效地层厚度、构造发育情况、煤体变形、岩浆活动和水文地质条件等因素影响[36,37]。

尽管煤系泥页岩和致密砂岩气的研究刚刚起步，对其形成、赋存以及与煤层气的关系等的研究还需要大量深入的工作，但是这两类储层含气性的控制因素从整个地质演化史分析，与煤层气的基本一致。同时，以往关于页岩气和致密砂岩气的研究为煤系泥页岩和致密砂岩气的研究提供了方法和理论借鉴[38-42]。有机质含量决定了页岩的生烃能力、孔隙空间的大小和吸附能力，有机质含量越高，含气量越大；页岩的矿物成分复杂，其物质组成主要为页岩气提供储集空间，同时决定着页岩气藏的品质，影响着气藏含气量[43-46]；地质构造不仅直接影响泥页岩的沉积、成岩和造缝作用，还会影响泥页岩的生、储能力；水文地质条件对富有机质页岩的含气量有不同程度的影响，特别是地层水矿化度对页岩气的含气量有明显的影响[47-50]。因此，储层压力、温度、有机质类型、物质组成、地质构造和水文地质条件等对页岩气的含气量有重要的影响[51-53]。

影响致密砂岩气成藏的主要因素有储集层物性、地质构造、水文地质条件、封闭条件和烃源岩岩性等。其中烃源岩岩性包括有机质含量、成熟度、干酪根类型、生气强度等[54,55]。储集层物性是致密砂岩气成藏的重要控制因素，致密砂岩气主要存在于低渗、特低渗砂岩储层中[56-58]。简单的气藏构造，无断裂、裂缝系统，微弱的水动力条件，以及地层平缓、储层面积广等条件，有利于致密砂岩气藏的生成保存[59,60]。构造活动一方面促进气源岩快速成熟、大量生排烃，为致密气藏提供充足的气源[61]；另一方面其形成的裂缝脆性地层或地应力集中的构造裂缝带，改变了储集层的储集性能，不利于砂岩气的聚集成藏[62,63]。

煤系气赋存除了受现今保存条件控制，其生成和运移聚集还要受地质演化史（埋藏史、热演化史和成熟度史）的制约，煤系气的运移和聚集历史极其重要。

孔隙内游离气体的气相压力是由储层压力和毛管压力两部分组成，这就使得煤层气赋存的压力环境复杂化。这种压力环境在地质历史时期的演化规律直接影响到含气量的演化历史，影响到现今的煤系气的赋存乃至运移产出。

四、煤系气资源评价方法研究

（一）煤系气资源评价体系建设有待提高

我国在常规气藏资源量评价、计算方面有着完整的评价体系，但在煤层气、页岩气、致密砂岩气等非常规气藏资源量评价体系建设方面还有待提高。随着我国非常规气藏的开发，自然资源部相继颁布了煤层气、页岩气资源量评价的行业标准[137,138]。国内外针对非常规气藏资源量计算的方法主要包括：类比法[139]、体积法[140]、物质平衡法[141]、递减曲线分析法[142] 以及数值模拟法[143]。一般在勘探初期主要采用类比法和体积法计算；投入开发后，采用递减曲线法和数值模拟法计算。其中欧美气藏储量计算的一个显著特点就是以经济效益为核心，在储量参数的选取和计算方法上，要求快速可靠。

目前，多数学者将研究热点放在引入概率论、地理信息系统、人工智能和数值模拟等理论进行煤层气、页岩气资源量评价，缺乏系统的煤系气资源量评价方法，且现有资源量计算未考虑纳米级微孔超压环境，资源量计算结果可信度不高。

（二）煤系气含量的获取存在多种途径

煤系气含量的确定会直接影响到煤系气资源量估算、选区评价以及开发方案的制定[144-147]。目前煤系气含量数据的获取方法具体可分为直接测定法和间接法等多种方法[148,149]。直接测定法包括地勘法、矿井法、自然解吸法和加温解吸法，准确求取逸散气量是采用上述四种方法测定煤储层含气量的难点[148,150,151]。间接法包括重量法、等温吸附法、开姆法和测井法[149]。有机质含量是评价烃源岩产气量的重要指标，其含量多少直接影响吸附气含量，TOC 的精确计算成为了测井解释的重要工作，主要方法有：伽马射线强度法、体积密度法、$\Delta\lg R$ 法及其相关改进法、多变量拟合法、体积模型法。相关学者提出了不同的计算模型，主要包括：Total Shale 模型、Modified Total Shale 模型、Indonesia 模型、Dispersed Clay 模型、Dual-water 模型、Simandoux 模型等[152-154]。

（三）微孔超压环境的存在使得煤系气资源量被低估

对于煤层和煤系泥页岩层而言，在其形成演化过程中不断有部分固体有机质转化为气体和水，在煤系气储层孔隙内必然会出现气水两相界面，由此产生毛管压力。孔隙内游离气体承受的压力不仅包括储层压力，而且包括毛管压力。笔者近期研究结果表明，水在 10nm 的孔隙中毛管压力就能超过 10MPa，若再加上储层压力，对于埋深在 1000m 以浅的煤系气储层而言，孔径在 10nm 以下的纳米级微孔隙中已经是超压环境了。综上所述，煤系气储层孔隙气相压力与储层压力并非等同，但目前传统基于储层压力评价煤系气含量的间接计算方法仍采用储层压力替代孔隙气相压力进行计算，这将导致煤系气含量计算结果比储层实际含气量小。因此，微孔超压环境的存在使得煤系气资源量被低估。

煤系气资源量计算结果的准确性将直接影响到煤系气选区评价以及开发方案的制定，而现有的煤系气资源量评价方法并未考虑纳米级微孔超压环境的存在，使得煤系气资源量被低估。

五、煤系气运移产出机制研究

煤系气的赋存状态主要包括吸附态、游离态和溶解态。其中煤层气主要以吸附态赋存于煤基质孔隙表面，泥页岩气则以吸附态和游离态赋存在煤系泥页岩孔隙内，一般吸附气含量占含气量的 20%～85%[64]，而煤系致密岩有机碳含量较低，一般认为致密气主要以游离态存在。针对单一煤层气、泥页岩气和致密气的运移产出规律，国内外学者已进行了大量研究，结果表明不同类型的煤系气储层内气体的运移产出过程存在一定差异，但总的来说包含气体解吸、扩散和渗流过程。

（一）解吸与扩散

气体的解吸与扩散主要发生在煤与煤系泥页岩基质孔隙内。随着储层温压条件变化，吸附态和游离态的煤层气、泥页岩气不断发生转变。目前国内外普遍认为煤层气、泥页岩气的吸附满足 Langmuir 单分子层吸附理论或 BET 多分子层吸附理论，两者均属于动力学吸附理论，气体分子受范德华力作用吸附于煤岩基质表面，且吸附、解吸存在动态平衡。通常采用基于 Langmuir 吸附理论的兰氏方程作为气体吸附、解吸的控制方程[65-68]，但也有研究发现采用多层吸附理论时推导出的储层表观渗透率高于单层吸附理论，说明建模过程中兰氏方程的应用可能导致流体运移能力被低估[69]。值得注意的是，除有机质外，泥页岩中的黏土矿物同样含有大量纳米孔隙并提供了较高的孔比表面积，导致吸附气同时赋存于泥页岩有机质与黏土矿物的纳米孔隙内，而这也是造成泥页岩气产出过程更为复杂的原因之一[70,71]。

气体解吸过程受储层温度与压力共同影响，随温度提升、孔隙压力降低，解吸量不断增大，且泥页岩有机质含量越高，温度对解吸的影响越显著[70]。同时，随煤阶增大，吸附气解吸时间增长，这是由煤对气体吸附能力增强所致，而煤岩基质块体积的减小有利于吸附气的快速解吸，这也是缝网改造有利于增大气井产量的原因之一[72]。对于欠饱和储层，只有当孔隙压力降至一临界值，吸附气才开始解吸，即存在临界解吸压力，该压力值通常可由煤岩含气量测试结合等温吸附测试计算得到[73,74]。此外，相较于吸附，解吸过程存在明显的滞后现象，并且直到解吸结束，煤与泥页岩中仍会残留部分吸附气无法解吸，而这很大程度上是储层内水的存在增大了气体解吸、运移阻力所致[75,76]。

吸附气解吸后在浓度差的作用下由基质孔隙向裂隙扩散。煤层气与泥页岩气扩散存在多种模式，包括 Fick 扩散、过渡型扩散、Knudsen 扩散、晶体扩散和表面扩散等，通常认为基质孔隙内气体扩散以前三种形式为主[77,78]。然而，前人研究发现泥页岩 5nm 以下的孔隙内，气体主要以表面扩散的形式运移[79,80]。扩散以何种模式发生主要由气体分子平均自由程与孔隙大小的相对关系决定，即 Knudsen 数，该参数与储层温度、压力和通道尺寸均密切相关，且对压力的变化更为敏感[79,81]。除了对扩散模式进行判识外，Knudsen 数还被广泛应用于煤层气或泥页岩气整个运移过程（扩散、渗流）中流态的判识[82-84]。前人对扩散数理模型进行了大量研究工作，认为 Knudsen 扩散服从 Knudsen 定律；Fick 扩散可用 Fick 定律进行描述，其中 Fick 第一定律适应于稳态扩散，而对于非均质的煤系气储层采用 Fick 第二定律更为适用。另外，对于纳米尺度的煤与泥页岩基质孔隙，Fick 扩散更为显著，故通常采用 Fick 第二定律对煤层气和页岩气在基质孔隙内的扩散过程进行表征[85]。

气体扩散对煤层气、页岩气井产量具有较大影响。根据前人模拟研究，开发前期孔径 100nm 以上的裂隙内流体渗流为产量的主导，而随着开发的进行，扩散的影响逐渐增强，并在开发后期，孔径 100nm 以下的孔隙内气体扩散成为产量的主导[86,87]。基质孔隙内气体扩散能力通常采用扩散系数进行表征，扩散系数越高，单位时间内扩散的气体分子量越大[88]。针对储层内存在多类扩散的情况，一般采用表观扩散系数对整个扩散过程进行简化[89]。例如，当扩散主要以 Fick 扩散和 Knudsen 扩散形式发生时，对两者扩散系数进行加权求和，而二者占比与有效应力、孔隙压力均相关[84]。扩散系数与煤阶、孔裂隙发育、储层温压条件、地应力、含水饱和度等因素均相关，且随煤阶、储层温度、孔隙度、泥页岩有机质含量增大而增大[78,90,91]，随储层含水饱和度、围压增大而降低，且储层水对甲烷的影响要强于二氧化碳[78,92]。当储层孔隙压力较低时，扩散系数随孔隙压力的降低而增大，这是导致开发后期扩散对产量影响更为显著的根本原因[86]。此外，随储层微裂缝开度增大，扩散系数趋于增加[91]。

（二）渗流

长期以来，国内外学者对于煤层气、泥页岩气渗流机理存在不同的认识，而这一认识的差别主要体现在渗流通道的类型上。根据渗流发生的位置不同，煤层气和泥页岩气运移模型一般可以分为双孔单渗模型和双孔双渗模型，其中双孔一般指基质孔隙与裂缝（包含原生裂缝与水力裂缝）[93]。单渗模型认为基质孔隙只是气体解吸、扩散的空间，而渗流只发生在裂缝当中，例如 Warren-Root 模型、Busby 模型等[94-95]；而双渗模型则认为基质孔隙内同样存在气、液两相流体渗流，例如 Reeves-Pekot 模型、Ozkan 模型、Schepers 模型等[96-100]。为了建立两个渗流系统之间的联系，形状因子的概念被提出并被广泛采纳。学者们针对形状因子提出了不同的计算模型，其中具有代表性的模型有 Warren & Root 模型、Kazemi 模型、Lim & Aziz 模型等[65]。此外，对于致密岩而言，一般认为其只具有裂隙，并采用单孔单渗模型对其流体运移过程进行表征[101]。

渗透率是表征储层流体渗流能力的关键参数，受煤系气储层非均质性影响，储层渗透率并非定值，而为了简化模型通常采用表观渗透率对储层整体渗流过程进行表征[89,102]。受有效应力效应、基质收缩与膨胀、滑脱效应、真实气体效应等多种因素影响，开发过程中储层渗透率是动态变化的[103-106]。其中，储层渗透率随有效应力增大而降低，即产生应力敏感效应，且液相渗透率的降幅明显大于气相渗透率，而随排采的进行渗透率降幅趋于减小。针对应力敏感效应的实验研究表明，应力敏感对不同类型孔隙的影响存在差别，其中晶间孔的影响最弱，其次为溶蚀孔，而其他微小孔的影响则较为显著；同时，对于泥页岩和致密岩，储层矿物组成差异同样对应力敏感效应造成影响，表现为随碎屑岩、黏土矿物含量增大，应力敏感效应趋于增强，而随石英等骨架颗粒含量增加趋于降低[107]。另外，吸附气解吸引发的煤与泥页岩基质收缩将促使储层裂缝开度增大，进而渗透率趋于增加。基质变形量与储层气体吸附能力密切相关，一般随煤阶和泥页岩有机质含量增大，基质变形量趋于增加，使得相同有效应力下低阶煤具有高于高阶煤的渗透率[90]。内部膨胀系数（裂缝变形量/基质变形量）被广泛用于表征应力敏感和基质收缩对煤岩体变形的综合影响，该系数在地应力条件不变时随孔隙压力的降低而增加，随煤岩气体吸附能力的增强而降低[108-110]。一般来说，排采前期应力敏感对渗透率变化起主导作用，而随着排采的进行基质收缩效应影响增大[111-114]。此外，储层气体渗透率一般远高于液体渗透率，Klinkenberg 基于滑脱理论对这一现象进行了解释，并提出用克氏系数对裂缝内气体滑脱效应的强弱进行表征[115]。一般来说，储层渗透率越低、压力越低，滑脱效应越为明显[116]。

国内外学者针对渗透率动态演化机理进行了大量研究并建立了相应的模型，而模型中考虑最多的是有效应力效应和基质收缩效应[103]。Seidle 等人在 Reiss 提出的火柴棍模型的基础上首次建立了煤层应力敏感数学模型[117-119]。Palmer 和 Mansoori 将基质收缩效应考虑到渗透率动态演化模型中，并采用 Langmuir 方程对基质收缩进行表征[120]。Shi 和 Durucan 在 Palmer-Mansoori 模型的基础上，对基质变形量进行了修正[121]。Cui 和 Bustin 建立了解吸气体体积和基质收缩量的线性关系，并在模型中采用基于 Biot 系数的有效应力公式，使模型更加接近实际情况[122]。

两相渗流阶段，气、水相渗透率与含水饱和度密切相关，一般采用毛细管模型和相对渗透率模型建立流体压力、饱和度与相对渗透率之间的联系，实现对两相流过程的求解[103,123,124]。相对渗透率曲线是表征气液流体渗流能力的重要工具，其分析测试方法多样，包括实验法、数值模拟、历史拟合和类比法等[125-127]。相对渗透率曲线形态不仅与孔裂隙结构、绝对渗透率、黏土矿物含量、围压、水湿性等储层参数相关，还受流体流动稳定性和多层开发层间干扰影响[127-129]。值得注意的是，煤系气储层内水的存在不仅影响气相渗透率大小，还会对扩散、渗流过程产生深远影响[130]。通过产生毛细管力，储层孔裂隙水对气体运移产生额外的阻力作用，一方面导致吸附气解吸量减少、解吸速率降低；另一方面降低气体扩散系数和储层渗透率，阻碍气体扩散和渗流，即发生储层水锁伤害，而储层含水饱和度的增加还会导致应力敏感效应增强[76,91,131-134]。对于低渗、超低渗的煤系气储层，水锁伤害对开发的不利影响不可忽视。

值得注意的是，传统渗流理论认为储层裂缝内气、液流体渗流均为层流。然而，两相流体在界面张力、浮力、黏滞力、剪切力等共同作用下，相界面容易发生扰动并产生界面波，使得层流很难维持[135]；同时，前期室内实验和现场排采数据分析均证实了两相流阶段存在段塞流这种流型[136]，表明传统渗流理论的适用性仍有待探讨。

六、存在问题

（1）作者近期的研究表明煤系气储层纳米级微孔因毛管压力的存在使其所处的压力环境远远高于已知的储层压力，这就使得煤系气赋存的压力环境复杂化。这种压力环境在地质历史时期的演化规律将直接影响到含气量的演化历史、影响到现今的煤系气的赋存乃至运移产出，因此纳米级微孔超压环境的形成机制亟须揭示。

（2）煤系气资源评价结果的可靠性将直接影响煤系气的勘探和开发，而现有的煤系气资源量计算方法并未考虑纳米级微孔超压环境的存在，使得煤系气资源量被低估，因此建立考虑毛管压力的煤系气资源量计算方法迫在眉睫。

（3）了解煤系气的运移机理及产出特征，对进行煤系气的勘探和开发十分重要，而目前的煤系气运移产出理论并没有能够客观反映煤系气实际的运移产出过程，煤系气运移产出机理应立足于微孔超压环境重新进行梳理。

本书正是基于上述问题提出的，旨在查明煤系气储层微孔的发育特征，探讨煤系气储层纳米级微孔超压环境的形成演化机制，构建考虑微孔超压环境的煤系气资源量计算方法，揭示基于微孔超压环境的煤系气运移产出机制，为煤系气的勘探开发提供理论支撑。

第三节　微孔超压环境的研究内容及方案

煤系气储层是指含煤岩系中的煤、泥页岩和致密砂岩，这类岩层以纳米级微孔普遍存在为特征。在这些微孔中由于流体的存在产生异常高毛管压力，造成了对煤系气赋存环境条件的认识与以往明显不同。对这种微孔超压环境的研究，不仅是煤系气地质理论的重要补充，具有重要的理论意义；更加有开发意义，可能会更新煤层气开发理念。本书采用现场调研、实验室实验和理论分析相结合的研究方法展开研究。首先，查明煤系气各类储层孔隙发育特征及其控制因素；其次，揭示微孔超压环境的形成条件，探讨其形成机制；最后建立考虑微孔超压环境的煤系气资源量计算方法，并立足于微孔超压环境对煤系气运移产出机理进行重新梳理。

一、研究内容

本书重点进行五个方面的研究：煤系气储层孔裂隙特征、煤系气储层孔隙压力环境的再认识、煤系气储层孔隙压力环境的演化机制、考虑微孔超压环境的煤系气资源量计算方法及应用和基于微孔超压环境的煤系气运移产出机制及应用。

1. 煤系气储层孔裂隙特征

揭示煤系三气储层的孔隙特征,包括孔隙度、比表面积、孔径分布和孔隙结构等。查明裂隙的发育特征及其多尺度分形规律。探讨物质组成、构造应力、埋藏史、热演化史、有机质的成熟度史和生烃史等对孔裂隙形成和演化的控制作用,进而揭示各类孔裂隙的成因。

2. 煤系气储层孔隙压力环境的再认识

对煤系气储层孔隙中气水两相并存进行分析,查明孔隙中水的来源和孔隙中的气相物质,探讨纳米级微孔中毛管压力的形成条件。测试表面张力和接触角,采用拉普拉斯方程计算纳米级微孔中毛管压力。通过吸附/解吸测试,探讨纳米级微孔中毛管压力对煤系气储层内气体赋存、运移产出的重要影响。

3. 煤系气储层孔隙压力环境的演化机制

(1) 相态转化形成的死孔隙压力环境。查明死孔隙的压力演化史,确定其是否超压(孔隙内游离气体的气相压力远高于静水柱压力,即为超压);结合地应力和煤岩强度,探讨其原始压力环境能否维持。同时,查明死孔隙压力环境的影响因素。

(2) 毛管压力和储层压力共同作用下的连通(开放性)孔隙压力环境。优化毛管压力测试方法,查明各类储层不同孔径下的毛管压力,探讨其影响因素,包括储层的物质组成、液体的性质和温压环境等条件。查明考虑毛管压力的连通孔隙的压力演化史(连通孔隙内游离气体的气相压力是由储层压力和毛管压力两部分组成),确定现今连通孔隙中真实的压力环境是否超压。同时,查明连通孔隙压力环境的影响因素。

4. 考虑微孔超压环境的煤系气资源量计算方法及应用

建立考虑毛管压力与储层压力的煤系气各相态气体含量计算方法,结合煤系气资源评价基本参数(基础参数、储量参数和物性参数),确定煤系气资源量计算方法,选定资料相对齐全的宿南向斜下石盒子组 SN-01 区块进行煤系气资源量计算。

5. 基于微孔超压环境的煤系气运移产出机制及应用

从煤系气产出过程的三个阶段出发,立足于微孔超压环境揭示煤系气的运移产出机理、煤系气储层流体层间窜流规律和排采过程中段塞流的形成与控制,并通过分析我国中部某区块二次改造情况和排采数据，对理论分析和实验室实验的结果进行验证。

二、研究方案

通过现场调研、取样和实验室测试，结合实际工程资料，通过系统的理论分析，充分揭示煤系气储层纳米级微孔超压环境的形成机理，具体如下：

(一) 现场调研

采集煤、泥页岩和致密砂岩样品，同时采集这些地区煤系水的样品；收集相关的地质、工程、科研资料。

(二) 实验室测试

1. 储层岩石学特征

采用光学显微镜观测煤显微组分、测试有机质成熟度（R_o）、岩石的矿物组成及其所含有机质特征、显微结构和构造特征等；采用扫描电镜、透射电镜和原子力显微镜对煤、岩的超微形貌特征进行观测；采用全岩 X 射线衍射定量分析岩石的矿物组成，特别是黏土矿物的类型。

2. 储层孔裂隙特征

通过野外露头、井下巷道和岩心观测煤系气储层的宏观节理、裂隙发育特征；采用光学显微镜、扫描电镜、透射电镜和原子力显微镜，从不同尺度对各级孔裂隙的形貌特征进行观测；采用压汞实验、低温氮吸附和二氧化碳吸附测试煤系气储层的孔隙参数。根据各类测试方法的局限性，对大小孔隙采用不同的方法测试，特别是 10nm 以下，乃至埃级的孔隙的测试方法的优化是关键。

3. 古温度、压力测试

通过包裹体测试，获取其形成时的温压环境，结合埋藏史确定热演化史，查明有机质不同演化阶段所承受的温度和压力，也就是对应的死孔隙中的古温压。

4. 现今温度、压力数据的获取

根据煤田勘探、煤层气开发等现场资料获取储层温度和压力；测试不同液体（煤系气储层水、各种压裂液）的表面张力及其与各类储层的接触角，获取不同孔径下的毛管压力，进而获得各类储层不同孔径下的压力环境。核心是优选和完善不同储层毛管压力测试的方法，如可以压制粉片的、磨制光片的测试样品的制样方法和质量标准。

5. 死孔隙中烃类的探测

^1H核磁共振证实孔隙中的气相物质的存在。

6. 储层其他特性测试

包括煤的工业分析、元素分析、密度，泥页岩和致密砂岩 TOC 测试，煤和泥页岩以及有机质含量较高的致密砂岩的等温吸附测试，工程试验井含气量测试，由试井和压裂资料分析地应力和储层压力等。

7. 煤系气开发流体层间窜流物理模拟实验

参考前期煤系气开发实践经验，建立煤系气开发流体层间窜流的简化物理模型。根据流体层间窜流物理模型，自主研制流体层间窜流实验系统，并分别对单相流阶段和两相流阶段流体层间窜流规律进行研究。

8. 段塞流物理模拟实验

建立段塞流物理模拟实验系统，探讨储层渗透率、生产压差、压裂液表面张力和黏度等对段塞流的形成及其剧烈程度的影响规律。

（三）理论分析

1. 煤系气储层孔裂隙多尺度表征

分析各类储层孔裂隙的成因类型，特别是与流体（气液）生成有关的孔裂隙；分析各类储层中不同成因类型裂隙的表征（产状、密度、宽度、充填情况等等），以及各类储层孔隙表征（孔隙度、孔径、比表面积等）；分析其形成的控制因素。

2. 微孔压力环境的演化机制

死孔隙压力环境分析：分析死孔隙形成时的古温压环境和现今所处的温度及储层压力环境，根据游离和吸附态气体的状态方程计算现今所处的压力环境，进而确定是低压还是高压，还是已经克服了储层的抗拉强度或地应力爆裂了，即根据地质演化史查明死孔隙压力环境的演化史。同时，探讨死孔隙压力环境的影响因素，包括其形成时的温度、压力、孔隙体积、孔隙内气液的成分和比例、演化过程中温度和压力场的变化等条件。

连通孔隙压力环境分析：查明储层不同孔径下的毛管压力，探讨其影响因素，包括储层的物质组成、温压环境和液体的性质等条件，揭示储层毛管压力的变化规律。建立埋藏史剖面，根据包裹体温压测试，确定生烃期间的最高温度和压力，以及后期演化过程中的热演化史。根据埋藏史、热演化史、生烃史、含气量演化史和流体（储层）压力演化史等，结合储层毛管压力变化规律，确定连通孔隙压力环境及其超压与否，最终揭示连通孔隙压力的演化机制。同时，探讨连通孔隙压力环境的影响因素，包括储层物质组成、孔径、液体性质、温度、储层压力和埋深等条件。

3. 煤系气储层测井分析

形成适合于煤系气储层特性的测井解释方法，特别是参数优化与矫正方法，建立煤系气井 TOC、孔隙度、渗透率、气水饱和度、含气量、砂泥含量、地应力、破裂压力剖面。

4. 煤系气资源量计算

根据测试和测井解释成果，考虑毛管压力的影响下，选定资料相对齐全的宿南向斜下石盒子组 SN-01 区块进行煤系气资源量计算，建立可行可信的资源量计算方法。对比分析考虑微孔超压环境前后煤系气资源量计算结果，阐明微孔超压环境的资源贡献意义。

5. 煤系气运移产出机制

从煤系气产出过程的三个阶段出发，立足于微孔超压环境揭示煤系气的运移产出机理。通过煤系气开发流体层间窜流物理模拟实验，对单相流和两相流阶段流体层间窜流规律进行研究。通过段塞流物理模拟实验和理论分析对煤系气储层内段塞流的形成过程进行系统研究，并同时构建煤系气储层段塞流模型，探讨段塞流的形成机制、影响因素和控制方法。通过分析我国中部某区块二次改造情况和排采数据，对理论分析和实验室实验的结果进行验证。

第二章
煤系气储层孔裂隙特征

煤系气储层孔裂隙系统发育特征是指储层孔裂隙的分布、形态及连通性。孔裂隙系统发育特征作为储层物性特征的重要组成部分，对储层内流体的赋存及运移起到控制性作用。对煤系气储层孔裂隙系统发育特征进行系统研究，为探讨煤系气储层微孔超压理论提供支撑。

第一节　煤储层孔裂隙特征

煤储层视为双重孔隙介质，由基质孔隙和裂隙组成。基质孔隙是煤层气的赋存场所，其孔容、孔径、形态、比表面积和孔隙分布对煤层气的解吸能力和扩散速度影响较大。裂隙是煤层气的天然运移产出通道，其裂隙张开度、裂隙分布、形态和裂隙连通性决定了煤层气运移产出的流态及其难易程度。

一、基质孔隙

储层孔隙的测试方法大体分为两类，一类是形态观察法，包括光学显微镜法、扫描电镜（SEM）法、原子力显微镜（AFM）法、透射电镜（TEM）法等，这类方法可以观测从微米级到纳米级的孔隙，甚至可以观测到分子级。另一类是物理测量法，多采用压汞法、低温氮吸附法、二氧化碳吸附法、核磁共振法、显微CT法等。各种测试方法均有其优缺点，可根据不同情况选用不同的测试方法。本节采用高压压汞实验和低场核磁共振实验分别对煤的基质孔隙发育特征进行研究。

（一）高压压汞实验

高压压汞实验（MIP）是传统的研究孔隙特征的测试手段。

实验样品来源于平煤六矿（PM6K）、平煤十矿（PM10K）、平煤十二矿（PM12K）、焦作中马村矿（ZMK）、义马千秋矿（QQK）、济源克几矿（KJK）、贵州新田矿（XTK）、焦作赵固二矿（ZGK）、晋城赵庄矿（ZZK）、柳林沙曲矿（SQK）、大同永定庄矿（DTK）、新疆庆能源（QHK）、新疆豫能源（YMK）、登封告成矿（GC4K）、登封大平矿（DP4K）、义马新义矿（XYK）、古交屯兰矿（TLK）、古交马兰矿（MLK）、焦作九里山矿（JLSK）、荣巩大峪沟矿（DYGK）、古交东曲矿（DQK）共计21个矿井。采样中考虑煤岩的变形及变质程度。

采用美国麦克默瑞提克公司生产的 AutoPore Ⅳ 9500 型全自动压汞仪对实验样品的基质孔隙发育特征进行测试评价，汞液的最大入侵压力为 414MPa，孔隙直径的测定下限为 3nm。压汞实验结果见表 2.1 和表 2.2。

表 2.1　煤样孔容及孔隙度基本数据

矿井	$R_{o,max}$/%	孔隙度/%	孔体积/(cm³/g)					孔体积比/%			
			V_1	V_2	V_3	V_4	V_t	V_1/V_t	V_2/V_t	V_3/V_t	V_4/V_t
PM6K	1.1	4.6585	0.0159	0.0088	0.0054	0.0065	0.0365	43.56	24.11	14.79	17.81
PM10K	1.2	5.0151	0.0238	0.0121	0.0024	0.0046	0.0429	55.48	28.21	5.59	10.72
PM12K	1.3	5.0148	0.0209	0.0118	0.0045	0.0052	0.0424	49.29	27.83	10.61	12.26
ZMK	4.2	5.6039	0.0199	0.0108	0.0051	0.0076	0.0434	45.85	24.88	11.75	17.51
QQK	0.5	8.5168	0.0105	0.0111	0.0061	0.0441	0.0718	14.62	15.46	8.50	61.42
KJK	5.8	7.5372	0.0090	0.0079	0.0151	0.0214	0.0536	16.95	14.90	28.31	39.85
XTK	3.5	4.6097	0.0209	0.0099	0.0019	0.0028	0.0356	58.66	27.93	5.59	7.82
ZGK	2.5	8.9638	0.0035	0.007	0.0027	0.0528	0.066	5.30	10.61	4.09	80.00
ZZK	3.46	6.6084	0.0045	0.0078	0.002	0.0348	0.0491	9.16	15.89	4.07	70.88
SQK	1.5	5.4233	0.0089	0.0098	0.002	0.0218	0.0425	20.94	23.06	4.71	51.29
DTK	0.7	4.6111	0.0177	0.0092	0.0025	0.007	0.0365	48.49	25.21	6.85	19.18
QHK	0.4	23.8218	0.0309	0.0208	0.0961	0.0603	0.2081	14.85	10.00	46.18	28.98
YMK	0.5	9.7571	0.0455	0.025	0.0057	0.0111	0.0872	52.18	28.67	6.54	12.73
GC4K	2.3	4.8283	0.0159	0.0088	0.0047	0.0068	0.036	44.20	24.59	12.15	19.06
DP4K	2.2	4.7335	0.0149	0.0085	0.00465	0.0065	0.0348	43.02	24.71	13.37	18.90
XYK	1.9	5.8619	0.0122	0.008	0.0067	0.014	0.0409	29.83	19.56	16.38	34.23
TLK	1.4	3.9458	0.0176	0.0079	0.0013	0.0058	0.0326	53.99	24.23	3.99	17.79
MLK	1.2	3.4557	0.0143	0.0066	0.0017	0.0045	0.0271	52.77	24.35	6.27	16.61
JLSK	3.3	4.732	0.0188	0.0077	0.001	0.0092	0.0367	51.23	20.98	2.72	25.07
DYGK	4.2	3.135	0.011	0.0055	0.0008	0.005	0.0222	49.55	24.77	3.60	22.52
DQK	1.7	5.3627	0.021	0.0107	0.0042	0.0084	0.0442	47.51	24.21	9.50	19.00

注：V_1—微孔体积（3nm<孔径<10nm）；V_2—小孔体积（10nm<孔径<100nm）；V_3—中孔体积（100nm<孔径<1000nm）；V_4—大孔体积（孔径>1000nm）；V_t—总孔体积。

表 2.2 煤样孔比表面积基本数据

| 矿井 | $R_{o,max}$/% | 孔比表面积/(m²/g) | | | | | 孔比表面积比/% | | | | |
		S_1	S_2	S_3	S_4	S_t	S_1/S_t	S_2/S_t	S_3/S_t	S_4/S_t
PM6K	1.1	13.0372	1.7478	0.08	0.004	14.869	87.68	11.75	0.54	0.03
PM10K	1.2	19.4208	2.4572	0.042	0.003	21.923	88.59	11.21	0.19	0.01
PM12K	1.3	17.157	2.357	0.067	0.004	19.585	87.60	12.03	0.34	0.02
ZMK	4.2	16.4895	2.0904	0.071	0.008	18.659	88.37	11.20	0.38	0.04
QQK	0.5	5.677	2.057	0.098	0.018	7.85	72.32	26.20	1.25	0.23
KJK	5.8	7.47	1.34	0.18	0.022	9.021	82.86	14.80	2.10	0.24
XTK	3.5	17.35	1.9962	0.036	0	19.391	89.52	10.29	0.19	0.00
ZGK	2.5	2.08	1.452	0.051	0	3.585	58.02	40.50	1.42	0.00
ZZK	3.46	2.513	1.626	0.035	0.002	4.177	60.16	38.93	0.84	0.05
SQK	1.5	4.893	1.937	0.038	0.003	6.871	71.21	28.19	0.55	0.04
DTK	0.7	14.6243	1.7977	0.04	0.004	16.466	88.82	10.92	0.24	0.02
QHK	0.4	25.812	3.303	1.102	0.095	30.312	85.15	10.90	3.64	0.31
YMK	0.5	37.082	5.017	0.091	0.006	42.2	87.87	11.89	0.22	0.01
GC4K	2.3	13.347	1.722	0.063	0.006	15.138	88.17	11.38	0.42	0.04
DP4K	2.2	12.1761	1.6248	0.066	0.004	13.871	87.78	11.71	0.48	0.03
XYK	1.9	9.9424	1.4486	0.086	0.015	11.492	86.52	12.61	0.75	0.13
TLK	1.4	14.5996	1.6714	0.025	0.002	16.298	89.58	10.26	0.15	0.01
MLK	1.2	11.9882	1.3648	0.025	0.001	13.379	89.60	10.20	0.19	0.01
JLSK	3.3	15.6767	1.6793	0.018	0.001	17.375	90.23	9.67	0.10	0.01
DYGK	4.2	9.1297	1.0943	0.015	0.001	10.24	89.16	10.69	0.15	0.01
DQK	1.7	17.3819	2.1781	0.066	0.007	19.633	88.53	11.09	0.34	0.04

注：S_1—微孔比表面积（3nm<孔径<10nm）；S_2—小孔比表面积（10nm<孔径<100nm）；S_3—中孔比表面积（100nm<孔径<1000nm）；S_4—大孔比表面积（孔径>1000nm）；S_t—总比表面积。

1. 煤基质孔隙的分布特征

煤中孔隙按孔径大小分类的方法多种多样，根据苏联学者 B. B. 霍多特的研究，将煤中孔隙分为微孔（3nm＜孔径＜10nm）、小孔（10nm＜孔径＜100nm）、中孔（100nm＜孔径＜1000nm）和大孔（孔径＞1000nm）。

压汞测试得到的孔隙结构特征参数见表 2.3，参数包括渗透率、孔隙度、曲折度、中值孔径、阈值压力、骨架分形维数等。

表 2.3　煤样孔隙结构特征参数

矿井	$R_{o, max}$ /%	中值孔径（体积）/nm	中值孔径（面积）/nm	平均孔隙半径/nm	孔隙度 /%	阈值压力 /psi❶	渗透率 /mD	曲折度	渗流分形维数	骨架分形维数
PM6K	1. 1	14. 1	4. 7	9. 8	4. 6585	7. 95	3. 1617	15. 1295	2. 764	2. 679
PM10K	1. 2	8. 7	4. 6	7. 8	5. 0151	4. 92	6. 978	9. 5291	2. 563	2. 715
PM12K	1. 3	10. 6	4. 6	8. 7	5. 0148	2. 88	7. 6632	7. 9627	2. 636	2. 63
ZMK	4. 2	12. 8	4. 5	9. 3	5. 6039	5. 88	4. 8093	11. 4282	2. 733	2. 526
QQK	0. 5	5600. 9	7. 9	36. 6	8. 5168	0. 68	2382. 0294	6. 3543	2. 92	2. 858
KJK	5. 8	562. 7	4. 8	23. 8	7. 5372	2. 89	19. 9992	8. 9117	2. 918	2. 611
XTK	3. 5	7. 9	4. 5	7. 3	4. 6097	5. 81	3. 7782	9. 9337	2. 479	2. 791
ZGK	2. 5	139449. 3	8	73. 7	8. 9638	1. 12	3211. 158	7. 3581	2. 955	2. 992
ZZK	3. 46	97756. 5	8. 4	47	6. 6084	0. 99	1862. 2713	6. 859	2. 928	2. 985
SQK	1. 3	2077. 4	8	24. 8	5. 4233	0. 66	1329. 5602	7. 032	2. 866	2. 965
DTK	0. 7	1. 3	4. 5	8. 9	4. 6111	4. 98	10. 408	15. 3283	2. 697	2. 807
QHK	0. 4	763. 8	4. 6	59. 5	23. 8218	1. 82	78. 4587	6. 5983	2. 979	2. 378
YMK	0. 5	9. 5	4. 7	8. 3	9. 7571	2. 89	9. 8456	8. 9406	2. 578	2. 641
GC4K	2. 3	13. 2	4. 5	9. 5	4. 8283	4. 18	5. 8267	8. 564	2. 751	2. 559
DP4K	2. 2	15. 5	4. 6	10	4. 7335	6. 88	3. 7642	11. 1774	2. 764	2. 614
XYK	1. 9	113. 4	4. 6	14. 2	5. 8619	5. 88	9. 2947	16. 2556	2. 8966	2. 607
TLK	1. 4	9. 2	4. 5	12	3. 9458	1. 78	67. 7998	6. 1483	2. 672	2. 878
MLK	1. 2	9. 3	4. 4	8. 1	3. 4557	6. 99	8. 3289	15. 4005	2. 671	2. 891
JLSK	3. 3	10	4. 5	8. 5	4. 732	1. 75	157. 8172	5. 9042	2. 755	2. 966
DYGK	4. 2	10. 5	4. 5	8. 7	3. 135	1. 77	62. 9311	6. 3636	2. 695	2. 937
DQK	1. 7	11. 6	4. 5	9	5. 3627	1. 62	53. 2088	6. 3572	2. 729	2. 744

由表 2.1～表 2.3 可知，总孔体积为 0.0222～0.2081cm³/g，平均为 0.052cm³/g；总比表面积为 3.585～42.2m²/g，平均为 15.83m²/g；中值孔径（体积）为 1.3～139449.3nm，平均为 11736.6nm；中值孔径（面积）为 4.4～8.4nm，平均为

---

❶ 1psi＝6894.757Pa。

5.2nm；平均孔隙直径为 7.3～73.7nm，平均为 19.1nm；孔隙度为 3.135％～23.8218％，平均为 6.49％；阈值压力为 0.66～7.95psi，平均为 3.54psi；渗透率为 3.1617～3211.158mD，平均为 442.81mD；曲折度为 5.9042～16.2556，平均为 9.41；渗流分形维数为 2.479～2.979，平均为 2.760；骨架分形维数为 2.378～2.992，平均为 2.751。

由表 2.3 可知，低变质煤的渗透率、孔隙度、总孔体积以及平均孔隙半径几乎均高于中变质煤和高变质煤。推测在煤化作用前期，压实作用相对较弱，残留植物组织孔大量分布且保存较为完整；随着煤化作用加剧，煤中孔隙在高温高压下体积不断减小，即使其中新生由热成因气逸散留下的气孔，但仍不足以使总孔体积和渗透率等恢复到初始水平。

曲折度作为孔裂隙特征研究的重要参数，代表了流体在孔隙中流动路径的曲折程度。由表 2.3 可知，低变质煤的曲折度相对较低，中变质煤的曲折度相对较高，高变质煤则介于两者之间，其原因是低变质煤中残留植物组织孔较为发育，而这类孔隙大小均一、排列整齐，进入煤化作用后期，粒间孔和晶间孔经压实作用被压缩，提升了曲折度。

对总比表面积、总孔体积以及各级孔隙体积和比表面积进行对比分析，发现孔隙体积与比表面积随煤阶变化呈现出一定的规律（图 2.1），结果如下：

$R_{o,max} \leqslant 1.3\%$，即第二次煤化作用跃变之前。在这一阶段，煤化程度与总孔体积、总比表面积呈正相关。该阶段总比表面积随煤阶增大而急剧增加，但大孔比表面积却急剧下降，表明原始粒间孔大量减少，而压实作用和热力作用是造成其减少的主要原因。中孔、小孔和微孔比表面积则急剧增加，可能是在煤化作用下气孔大量生成的结果。值得注意的是 $R_{o,max}=1.3\%$ 即第二次煤化作用跃变是煤孔隙发育的拐点，这一点左右两端孔隙的变化趋势存在很大差异。

$1.3\% < R_{o,max} \leqslant 2.5\%$，对应于第二次与第三次煤化作用跃变之间。该阶段内总比表面积随 $R_{o,max}$ 增大而增大，并且在 $R_{o,max}=2.5\%$ 时达到最大。大孔的比表面积的下降趋势放缓，其原因可能在于煤中植物组织残留孔依然有所保留。该阶段中孔、小孔和微孔的比表面积都达到了最大值，但中孔最大值滞后，出现在 $R_{o,max}=2.5\%$ 处。说明该阶段内大规模生烃造成气孔大量增加，形成较大的中孔以聚集更多的烃类。

$R_{o,max} > 2.5\%$，即第三次煤化作用跃变之后，各类孔隙的比表面积随 $R_{o,max}$ 的增大开始下降，这是由于该阶段煤的生烃能力显著下降，新的气孔生成较少，且高温高压作用下进一步的煤化作用引起的大规模缩聚作用导致各类孔隙减少。

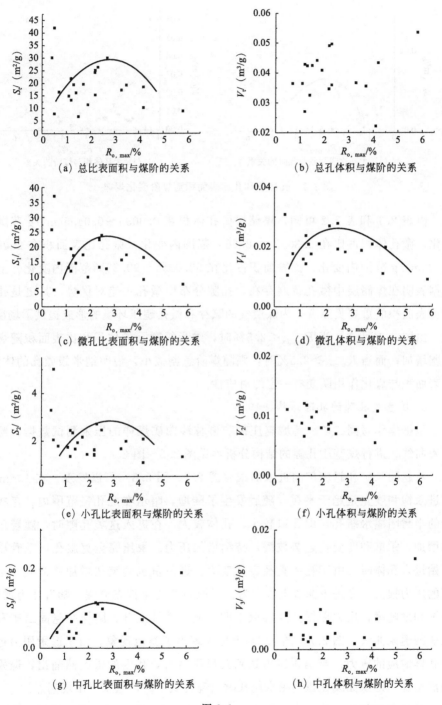

图 2.1

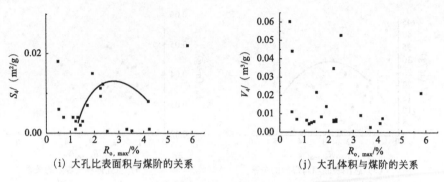

（i）大孔比表面积与煤阶的关系   （j）大孔体积与煤阶的关系

图 2.1 孔体积和孔比表面积随煤阶变化规律

由表 2.1 和表 2.2 可知，煤储层微孔体积在 0.0035～0.0455cm³/g 范围内变化，微孔体积占比在 5.30％～58.66％范围内变化；微孔比表面积在 2.08～37.08m²/g 范围内变化，比表面积占比在 58.02％～90.23％范围内变化。上述数据表明在煤储层中微孔普遍存在，孔隙分布中微孔占绝对优势，其更是孔容和比表面积的重要贡献者，为煤层气的赋存和微孔超压环境的形成提供了场所。

由图 2.1 可知，当 $R_{o,max}$<2.5％时，纳米级微孔的体积和比表面积随煤阶急剧增加；而当 $R_{o,max}$>2.5％时，则随煤阶急剧减小，说明纳米级微孔的体积、比表面积与煤化作用跃变有一定的对应性。

2. 煤基质孔隙的孔隙结构特征

根据焦作赵固二矿、晋城赵庄矿和柳林沙曲矿煤样的压汞测试数据，绘制压汞曲线，进行煤基质孔隙的结构分析，见图 2.2～图 2.4。

从赵固二矿和赵庄矿的进汞曲线（图 2.2、图 2.3）可以发现，在 10nm 附近进汞饱和度先是趋于陡缓，随后发生了陡增，暗示在此孔径范围内，存在大量的半封闭墨水瓶孔，即孔口较小，孔体较大。在进入这类孔隙时，随着压力的增加，汞饱和度变化趋势放缓，持续增加压力。汞压完全克服孔口毛管压力开始进入孔体时，由于孔体直径突然变大，进汞量也会突然增加并造成一定程度的压力损失，在进汞曲线上表现为：汞饱和度变化首先放缓，随着压力增加，汞饱和度陡增，压力曲线产生轻微下凹，随后继续上升。同样在赵固二矿和赵庄矿的退汞曲线（图 2.2、图 2.3）上也表现出了类似现象，由于退汞压力远小于孔体对应的压力，当退汞压力达到孔口压力时，孔内的汞突然涌出，退汞量突然增加，退汞曲线在遭遇墨水瓶孔时出现轻微下凹，退汞量出现拐点。

从沙曲矿的压汞曲线（图 2.4）可以发现，开放孔数量较多，纳米级孔隙并未出现上述现象，但也存在滞后现象。汞饱和度与压力随孔径分布（由大孔至微孔）呈指数增长，在沙曲矿煤样的孔隙分布中，大孔和微孔占据大部分空间，汞体积增量在这两个阶段较大，其纳米级孔隙主要表现为毛细管状。

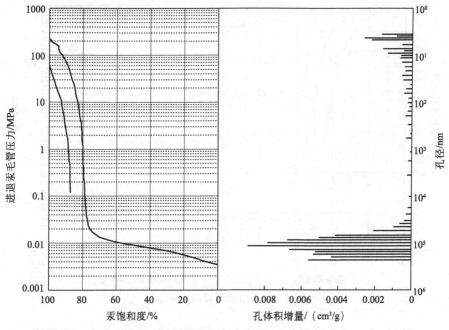

图 2.2　赵固二矿煤样的压汞曲线

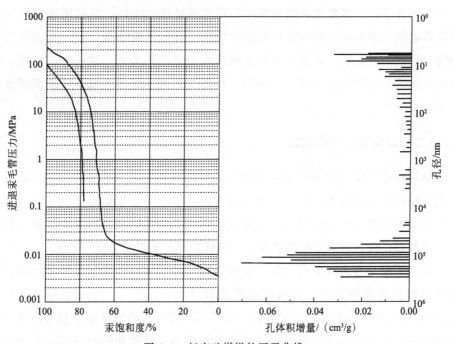

图 2.3　赵庄矿煤样的压汞曲线

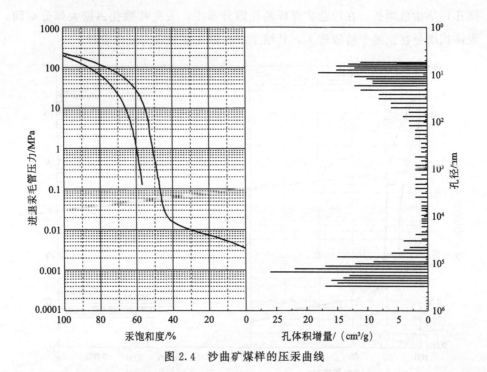

图 2.4　沙曲矿煤样的压汞曲线

　　从赵固二矿、赵庄矿和沙曲矿煤样的压汞曲线中可以看出，汞在进入小于 100nm 的孔径时，需要克服的毛管压力就已经接近 10MPa，这说明在真实的煤储层环境中，纳米级孔隙内若有液态物质的存在，其毛管压力对于孔隙压力环境的影响就不能忽视，毛管压力加上储层压力就已经构成了微孔超压环境，同以往所认识的孔隙压力环境大不相同，在超压环境下煤层气赋存状态需要重新认识。

(二) 低场核磁共振实验

　　低场核磁共振（NMR）是一种利用磁场和磁性原子核的共同作用对研究样品进行结构探测的技术，已经在油气勘探测井、医学临床诊断以及分子结构测定等多方面取得了广泛应用，近年来又应用到煤岩孔隙特征研究中。相比传统的孔隙测试手段，其具有探测范围广、对研究样品无损及精度高等优点。

　　实验煤样采自焦作赵固二矿、焦作九里山矿、柳林沙曲矿、鹤壁九矿、晋城寺河矿和淮南谢李矿。将煤样制作成尺寸为 25mm×50mm 的煤柱，并在 105℃烘干箱内干燥至恒重，记录煤心干燥后的质量。将煤柱置于装有液体的容器中并使液面高度没过煤样 5cm，进行常压饱和，饱和期间每间隔 12h 进行一次称重，称重前擦拭干净煤柱表面水分，直至相邻两次称得的质量差不大于煤柱质量的 2%，视为达到饱和状态。随后将煤柱取出，擦拭干净表面并装入密封袋内保存。

采用上海纽迈电子科技有限公司生产的 MesoMR23-060H-Ⅰ型核磁共振分析成像系统对实验样品的基质孔隙发育特征进行测试评价，共振频率为 21.67568MHz，磁体温度范围为 $31.99 \sim 32.01℃$，磁场强度为 0.5T。实验前设置煤岩样品的 CPMG，谱仪频率 $S_F = 21MHz$，频率偏移量 90°，脉宽 $P_1 = 15\mu s$，中心频率 $O_1 = 674853.81Hz$，180° 脉宽 $P_2 = 30\mu s$，等待时间 $t_W = 1500ms$，采样起始点控制参数 RFD = 0.08ms，模拟增益 $RG_1 = 15$，累计采样 NS = 32，接收机带宽 $S_w = 250kHz$，数字增益 $DRG_1 = 3$，前置放大增益 PRG = 1，回波数 NECH = 10000，回波时间 $t_E = 0.202ms$。

根据孔径与横向弛豫时间的对应关系，划分各类孔隙分布范围，将所选地区煤样按煤阶从低到高进行对比分析，得到图 2.5。由图 2.5 可知，煤化程度低的煤样微孔孔容所占比例小于煤化程度高的煤样。煤化程度低的煤样呈现出明显的双峰分布特征，同时煤化程度高的煤样也呈现出了双峰分布特征，但位于 100nm 附近的峰并不明显。其原因在于随着煤化作用的进行，在压实作用和生

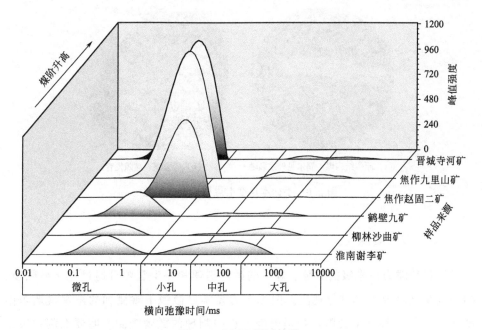

图 2.5　NMR 测试结果

烃作用的共同影响下，中大孔孔体积不断被压缩，且气孔的大量形成促进了微孔的发育，因此微孔体积占比越来越高。高阶煤在拥有高含气饱和度的同时分布有大量微孔，若其中存在毛管压力，那么纳米级微孔内气相压力极有可能构成超压环境。

二、煤储层中的裂隙

煤中裂隙有宏观、微观和超微之分，以前人们的研究多集中在宏观和微观尺度。

（一）宏观裂隙

煤中的宏观裂隙多为毫米级以上的、肉眼可以分辨的裂隙。通过煤层露头、煤矿井下煤壁和煤心可宏观观测到煤中的外生裂隙，通过手标本可观测到煤中的割理和外生裂隙。沁水盆地东南部 3 号煤层以发育原生结构煤和碎裂煤为主（图 2.6）。当外生裂隙不发育时，煤体保持原生结构 [图 2.6(a)]；当外生裂隙发育时，煤体破坏为碎裂煤 [图 2.6(b)]，这类煤的煤心往往为碎块状，但碎块有强度。

（a）原生结构煤，偶尔见外生裂隙　　　　（b）碎裂煤，裂隙发育

图 2.6　手标本尺度上煤样的宏观裂隙

（二）微观裂隙

微观裂隙为微米级的裂隙。煤中的微观割理和外生裂隙可通过光学显微镜、扫描电镜（SEM）等进行观测。图 2.7 为光学显微镜下观测到的沁水盆地东南部 3 号煤的一些外生裂隙，扫描电镜下煤中割理的微观观测表明要么割理被方解石充填 [图 2.8(a)]、要么割理面紧闭 [图 2.8(b)]。

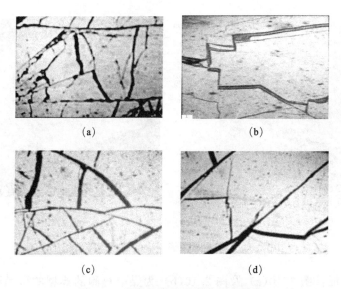

图 2.7　光学显微镜下煤中外生裂隙

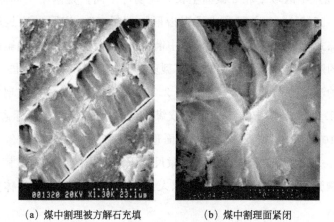

（a）煤中割理被方解石充填　　　　（b）煤中割理面紧闭

图 2.8　扫描电镜下煤中割理发育特征

（三）超微裂隙

超微裂隙多为纳米级、埃级裂隙。煤中的超微裂隙可通过原子力显微镜（AFM）、高分辨透射电镜（HTEM）等进行观测。图 2.9 为在原子力显微镜下观测到的沁水盆地东南部 3 号煤的超微裂隙形貌。图 2.10 为在高分辨透射电镜下观测到的不同煤体结构煤的超微裂隙发育特征。

外生裂隙主要有剪裂隙、张裂隙、追踪和派生裂隙等类型，还有构造挤压形成的褶皱、残斑和 S-C 组构等形态。从图 2.10 中发现了与宏观和微观类似的

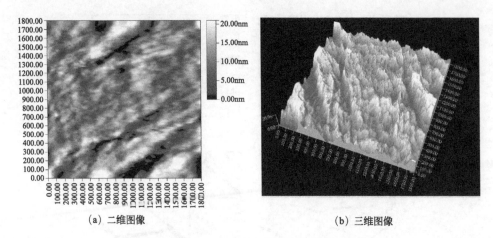

(a) 二维图像　　　　　　　　　　(b) 三维图像

图 2.9　原子力显微镜下煤的超微裂隙形貌

超微变形特征：图 2.10(a) 及图 2.10(b) 为煤中观测的典型的微晶脆性变形特征。图 2.10(a) 中区域 1 和 2 微晶生长方向明显不同，是两个不同的微晶单元，以晶界区分；区域 2、3 之间形成了锯齿形的"断口"，实际上这是剪应力作用下形成的追踪式"裂隙"。图 2.10(b) 中箭头所指即为煤中类石墨微晶在剪应力作用下发生的脆性变形现象，类似于 X 型剪节理。图 2.10(c) 和图 2.11(d) 为煤微晶层片的流变弯曲形成的劈理。图 2.10(e) 为微晶层片揉皱现象，类似于鞘褶皱。图 2.10(f) 和图 2.10(g) 为软煤中最常见的韧性变形标志——S-C 组构，从图 2.10(f) 可观察到完整的"S 面理"及"C 面理"，而图 2.10(g) 中仅有"S 面理"，"C 面理"尚未形成。超微尺度下观测到的煤微晶脆韧性变形与微观和宏观观测到的裂隙发育特征有着惊人的类似，充分说明了煤体变形的分形特征。

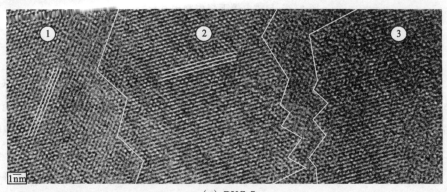

(a) DYG-S

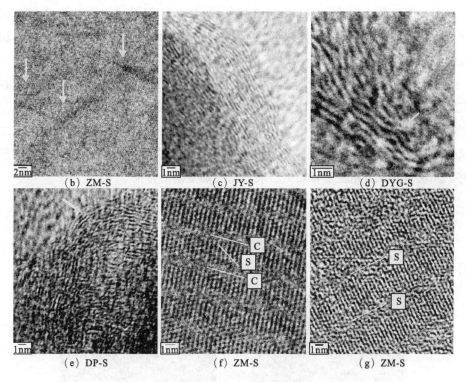

图 2.10 煤体变形的超微特征

第二节 煤系页岩储层孔裂隙特征

煤系页岩泛指含煤岩系中与煤层具有一定成因联系的细粒沉积岩，包括泥岩、粉砂质泥岩和粉砂岩等，其中泥岩包括碳质泥岩、钙质泥岩、硅质泥岩、铁质泥岩等。当这些岩层具有板状或片状构造时，则统称为页岩。煤系页岩中的孔隙一方面成为煤系页岩气赋存的主要空间，另一方面与天然裂隙一起构成了流体运移网络，是煤系页岩储层中流体的天然运移产出通道。

一、孔隙特征

煤系页岩厚度薄、孔隙度小、物质组成复杂、孔隙结构复杂、非均质性强，不同层位页岩孔隙结构参数规律性不明显[155-157]。煤系页岩孔隙以小微孔为主，主要分布于 2～100nm，孔径分别在＜40nm、50～100nm 两个区间出现峰值；中孔和＜10000nm 的大孔相对发育较少，含有一定量的超大孔；孔体积和比表面积主要由 50nm 以下孔隙提供[157-159]。煤系页岩孔隙特征受有机碳、黏土矿物类型及含量等多因素控制，相较海相页岩黏土矿物起到更加积极的作用[158-160]。

位于华北板块南部的宿南向斜，发育了一套晚古生代含煤岩系，除了赋存有丰富的煤层气资源以外，煤系页岩中也赋存有丰富的非常规天然气，孔隙是影响其赋存的关键因素之一。本节通过 XRD、ESEM、压汞、低温氮吸附、二氧化碳吸附等实验，对宿南向斜下石盒子组煤系页岩的孔隙特征进行了系统研究，发现煤系页岩相较于常规页岩表现出更加复杂的特征。

（一）孔隙类型

采用美国 FEI 有限公司的 QUANTA FEG250 型场发射扫描电镜（FE-SEM）对页岩样品进行微观观测，图像见图 2.11。

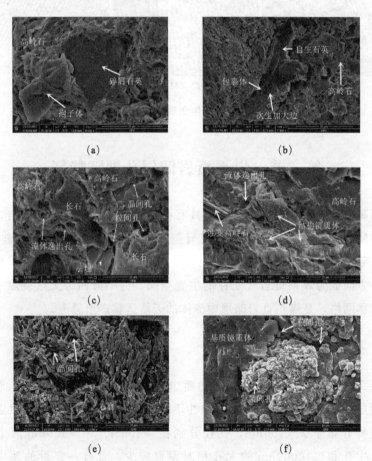

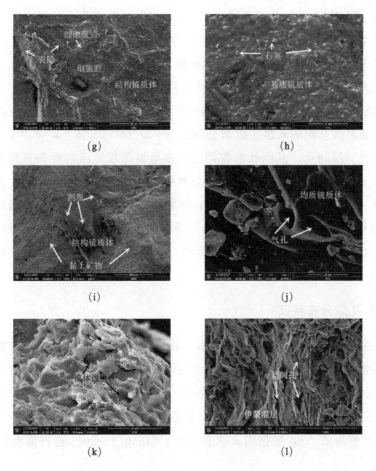

图 2.11　宿南向斜下石盒子组煤系页岩样品场发射扫描电镜图像

FE-SEM 观察显示：下石盒子组页岩主要由石英和黏土矿物组成，含有一定含量的岩屑、长石、石膏（热液成因）、黄铁矿和有机质碎屑等。石英按其成因不同分为碎屑石英和自生石英 ［图 2.11(a)、图 2.11(b)、图 2.11(h)］，自生石英是次生加大边部分，含包裹体 ［图 2.11(b)］。长石解理可见 ［图 2.11(c)］。石膏具有典型的柱状晶型，为热液成因 ［图 2.11(e)］。草莓状黄铁矿发育于基质镜质体内，表明其生成于较强的还原环境 ［图 2.11(f)］。高岭石和伊蒙混层为主要的黏土矿物，根据成因不同将高岭石分为蚀变型高岭石和沉积型高岭石，蚀变型高岭石具有层状结构 ［图 2.11(d)］，沉积型高岭石具蠕虫状结构 ［图 2.11(c)］；伊蒙混层是另一类主要黏土矿物 ［图 2.11(k)、图 2.11(l)］。有机质为结构镜质体 ［图 2.11(d)、图 2.11(g)］、基质镜质体 ［图 2.11(h)］、均

质镜质体 [图 2.11(j)] 和孢子体 [图 2.11(a)] 等显微组分，其中基质镜质体中内可见纳米级石英颗粒 [图 2.11(h)]、均质镜质体发育割理 [图 2.11(i)]。

页岩中发育不同类型的微米-纳米孔隙，微观孔隙类型多样，有机质孔和黏土矿物孔大量发育，石英、长石、黄铁矿和石膏内/间亦有孔隙发育。有机质孔多，呈球状、椭球状和蜂窝状，孔径约为 5～2000nm [图 2.11(j)]；微裂隙和割理是沟通基质孔隙的通道 [图 2.11(g)、图 2.11(i)]。黏土矿物中发育大量的流体逸出孔、层间孔、晶间孔和粒间孔，多呈椭圆形、条带形和三角形，孔径约为 5～1000nm，连通性较好；其中，高岭石内流体逸出孔、晶间孔和粒间孔大量发育 [图 2.11(c)、图 2.11(d)]；伊蒙混层内流体逸出孔和层间孔也常见 [图 2.11(k)、图 2.11(l)]。石英、长石等碎屑矿物颗粒间发育一定的粒间孔，孔径约为 0.2～3μm [图 2.11(c)]。此外，黄铁矿和石膏等矿物亦发育晶间孔 [图 2.11(e)、图 2.11(f)]。

(二) 孔隙分布特征

分别采用高压压汞、低温 N_2 吸附、低温 CO_2 吸附对煤系页岩孔隙分布特征进行分析。采用美国康塔仪器公司的 PoreMaster-33 压汞仪，依据国家标准 GB/T 21650.1—2008 进行高压压汞测试[161]。采用金埃谱科技公司生产的 V-Sorb 2800TP 比表面积及孔径测定仪，依据国家标准 GB/T 21650.2—2008 进行低温 N_2 吸附测试[162]，依据国家标准 GB/T 21650.3—2011 进行低温 CO_2 吸附测试[163]。

1. 压汞测试结果与分析

下石盒子组页岩孔隙度分布范围为 2.0369%～6.3071%，平均为 3.3794%；总孔体积为 0.008～0.0249cm³/g，平均为 0.0140cm³/g；总比表面积为 0.9531～6.2959cm²/g，平均为 2.1897cm²/g，如表 2.4、表 2.5、图 2.12 所示。

表 2.4 宿州向斜下石盒子组煤系页岩压汞孔体积测试结果

编号	孔隙度/%	孔体积/(cm³/g)					孔体积比/%			
		V_1	V_2	V_3	V_4	V_t	V_1/V_t	V_2/V_t	V_3/V_t	V_4/V_t
1-2	2.0369	0.0008	0.0033	0.0002	0.0037	0.0080	10.20	41.04	2.94	45.8
1-3	3.3578	0.0022	0.0046	0	0.0066	0.0134	16.44	34.30	0	49.26
1-4	3.1826	0.0014	0.0034	0.0008	0.0073	0.0129	10.85	26.36	5.82	56.97
1-5	2.3810	0.0015	0.0033	0.0006	0.004	0.0094	15.59	35.37	6.82	42.21
1-6	2.2478	0.0009	0.0027	0.0004	0.005	0.009	10.34	29.66	4.83	55.17

续表

编号	孔隙度 /%	孔体积/(cm³/g)					孔体积比/%			
		V_1	V_2	V_3	V_4	V_t	V_1/V_t	V_2/V_t	V_3/V_t	V_4/V_t
1-8	2.5678	0.0024	0.0051	0.0002	0.0033	0.011	21.37	46.81	1.65	30.17
1-9	3.7052	0.0022	0.0052	0.0004	0.0072	0.015	14.34	35.00	2.64	48.03
1-11	2.6759	0.0015	0.0048	0.0007	0.0038	0.0108	13.89	44.44	6.83	34.84
1-12	4.8924	0.0022	0.0032	0.0010	0.0153	0.0218	10.04	14.87	4.59	70.5
1-13	2.7348	0.0016	0.0021	0	0.0074	0.0111	14.81	18.52	0	66.66
1-14	3.6293	0.0027	0.0092	0.0012	0.006	0.0191	14.15	48.38	6.07	31.4
1-15	2.3011	0.0018	0.0028	0.0002	0.0046	0.0093	19.00	29.97	1.65	49.38
1-16	3.1833	0.0019	0.0040	0.0003	0.0066	0.0129	14.56	31.18	2.41	51.85
1-17	6.3071	0.0058	0.0148	0.0018	0.0026	0.0249	23.17	59.28	7.14	10.41
1-18	5.4882	0.0034	0.0061	0.0011	0.0114	0.0220	15.47	27.69	5.00	51.83

注：V_1 指孔径 6~10nm 的微孔体积；V_2 指孔径 10~100nm 的小孔体积；V_3 指孔径 100~1000nm 的中孔体积；V_4 指孔径>10000nm 的大孔体积；V_t 为总孔体积。

表2.5　宿州向斜下石盒子组页岩压汞孔比表面积测试结果

编号	比表面积/(m²/g)					比表面积比/%			
	S_1	S_2	S_3	S_4	S_t	S_1/S_t	S_2/S_t	S_3/S_t	S_4/S_t
1-2	0.3769	0.7175	0.0028	0.0018	1.099	34.30	65.28	0.26	0.16
1-3	1.0968	1.2326	0	0.0006	2.3300	47.07	52.90	0	0.03
1-4	0.6955	0.6481	0.0152	0.0023	1.3611	51.1	47.62	1.12	0.16
1-5	0.7362	0.8246	0.0121	0.0012	1.5741	46.77	52.39	0.77	0.08
1-6	0.4496	0.496	0.0062	0.0013	0.9531	47.18	52.04	0.65	0.13
1-8	1.1759	1.1912	0.0043	0.0006	2.3720	49.57	50.22	0.18	0.02
1-9	1.0840	1.1175	0.0068	0.0017	2.1100	49.05	50.57	0.31	0.08
1-11	0.7180	1.0073	0.0140	0.0017	1.7410	41.24	57.86	0.80	0.10
1-12	1.0872	0.7044	0.0185	0.0029	1.8130	59.97	38.85	1.02	0.16
1-13	0.8253	0.5131	0	0.0006	1.3390	61.63	38.32	0	0.05
1-14	1.3466	2.0956	0.0221	0.0018	3.4661	38.85	60.46	0.64	0.05
1-15	0.9288	0.6200	0.0012	0.001	1.5510	59.88	39.98	0.08	0.06
1-16	0.9709	0.8983	0.0026	0.0012	1.8730	51.83	47.96	0.14	0.06
1-17	2.7994	3.4620	0.0325	0.002	6.2959	44.46	54.99	0.52	0.03
1-18	1.6729	1.2690	0.0222	0.0027	2.9670	56.38	42.78	0.75	0.09

注：S_1 指孔径 6~10nm 孔的比表面积；S_2 指孔径 10~100nm 孔的比表面积；S_3 指孔径 100~1000nm 孔的比表面积；S_4 指孔径>10000nm 孔的比表面积；S_t 指孔径总比表面积孔的比表面积。

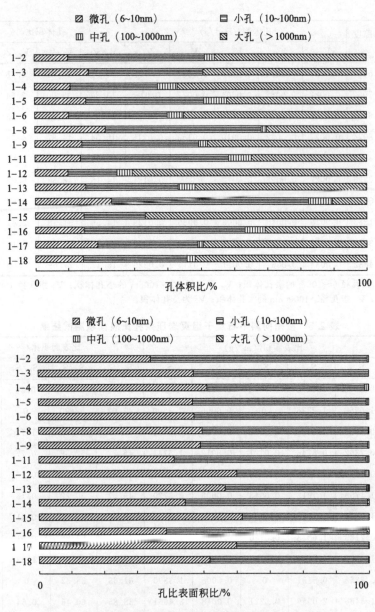

图 2.12　煤系页岩压汞测试下的孔体积比及孔比表面积比

　　页岩基质孔隙中微孔孔体积比为 10.04％～23.17％，平均为 14.95％；小孔孔体积比为 14.87％～59.28％，平均为 34.86％；中孔孔体积比为 0～7.14％，平均为 3.98％；大孔孔体积比为 10.41％～70.5％，平均为 46.30％。由此可见泥岩孔体积的贡献者主要是大孔和小孔，这两部分为游离气的赋存提供了空间。

页岩基质孔隙中微孔比表面积比为 34.30％～61.63％，平均为 49.29％；小孔比表面积比为 38.32％～65.28％，平均为 50.15％；中孔比表面积比为 0～1.12％，平均为 0.48％；大孔比表面积比为 0.02％～0.16％，平均为 0.08％。可见微孔和小孔是比表面积的主要贡献者，影响到吸附气的赋存。

根据孔体积增量分布特征，可将其分为单峰型、双峰型和多峰型。单峰型仅出现于个别粉砂质泥岩中，孔体积主要由小微孔提供，进汞曲线在小微孔阶段快速增加，孔体积峰值出现在 10～100nm 的小孔阶段 ［图 2.13(a)］。双峰型出现于泥岩和部分粉砂质泥岩中，主要特征为孔体积在 10nm 左右的微孔及小孔阶段和 10000～100000nm 大孔阶段各出现一个峰值，100～10000nm 孔径范围内孔隙分布很少，进汞曲线在该阶段出现明显的竖直段，孔体积比小于 5％ ［图 2.13(b)］，这两种中孔所占体积较少。多峰型主要出现于粉砂质泥岩中，主要特征为各孔径孔隙都有分布，特别是中孔体积高于前两者 ［图 2.13(c)］。页岩的比表面积主要集中于 50nm 以下的小孔和微孔中，表现为单峰 ［图 2.13(c)］。

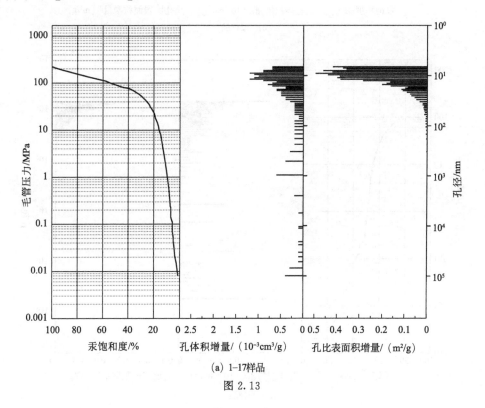

(a) 1-17样品

图 2.13

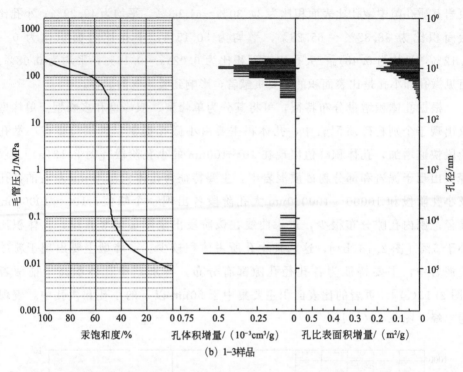

(b) 1-3样品

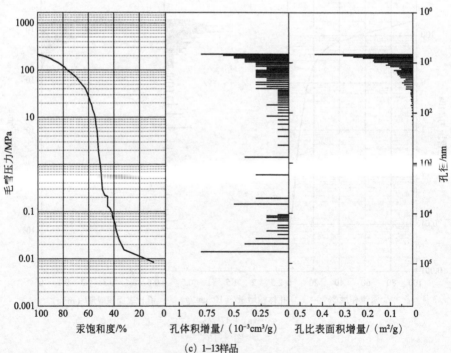

(c) 1-13样品

图 2.13　压汞测试孔隙进退汞曲线

2. 低温 N₂ 吸附测试结果与分析

低温 N_2 吸附测试可对 2～50nm 的孔隙进行有效的表征，分别采用 Barrett-Joyner-Halenda（BJH）法和 Brunauer-Emmett-Teller（BET）法对低温 N_2 吸附数据进行处理，获取 2nm 以上孔体积和比表面积等孔隙参数。根据孔径的分布特征，以 5nm 为界，低于此值的为小孔，大于此值的为大孔。煤系页岩 2～5nm 小孔孔体积为 0.0004～0.0061cm³/g，平均为 0.0029cm³/g，孔体积比为 14.29%～36.22%，平均为 21.72%；5～50nm 大孔孔体积为 0.0027～0.0131cm³/g，平均为 0.0099cm³/g，孔体积比为 63.78%～85.71%，平均为 78.28%（表 2.6、图 2.14）。可见本区煤系页岩的孔体积是以大孔占主导地位的。2～5nm 小孔比表面积为 0.5653～7.9056m²/g，平均为 3.7765m²/g，比表面积比为 46.10%～67.63%，平均为 57.04%；5～50nm 大孔比表面积为 0.6609～3.9798m²/g，平均为 2.6612m²/g，比表面积比为 32.37%～53.90%，平均为 42.97%，见表 2.6、图 2.14。2～5nm 小孔所占比例较大，是比表面积的主要提供者。

表 2.6　下石盒子组页岩低压 N₂ 吸附测试结果

编号	孔体积/(cm³/g)		孔体积比/%		孔比表面积/(m²/g)		孔比表面积比/%	
	2～5nm	5～50nm	2～5nm	5～50nm	2～5nm	5～50nm	2～5nm	5～50nm
1-1	0.0028	0.0104	21.46	78.54	3.7433	2.6982	58.11	41.89
1-2	0.0021	0.0080	21.07	78.93	2.8199	2.0696	57.67	42.33
1-3	0.0024	0.0108	18.38	81.62	3.2003	2.6741	54.48	45.52
1-4	0.0016	0.0075	17.90	82.10	2.1605	1.9104	53.07	46.93
1-5	0.0004	0.0027	14.29	85.71	0.5653	0.6609	46.10	53.90
1-6	0.0018	0.0082	18.29	81.71	2.3585	2.1653	52.13	47.87
1-7	0.0023	0.0116	16.75	83.25	3.0719	2.4747	55.38	44.62
1-8	0.0043	0.0112	27.53	72.47	5.6286	3.3662	62.58	37.42
1-9	0.0028	0.0111	20.38	79.62	3.6910	2.7767	57.07	42.93
1-10	0.0027	0.0095	22.37	77.63	3.6309	2.5125	59.10	40.90
1-11	0.0019	0.0084	18.72	81.28	3.5027	2.0807	54.89	45.11
1-12	0.0027	0.0088	23.23	76.77	3.5027	2.0807	62.73	37.27
1-13	0.0033	0.0117	22.10	77.90	4.2898	3.2749	56.71	43.29
1-14	0.0028	0.0090	23.49	76.51	3.5697	2.6432	57.46	42.54
1-15	0.0061	0.0107	36.22	63.78	7.9056	3.7834	67.63	32.37
1-16	0.0041	0.0104	28.05	71.95	5.3119	3.1478	62.79	37.21
1-17	0.0036	0.0150	19.15	80.85	4.4847	3.9798	52.98	47.02
1-18	0.0036	0.0131	21.50	78.50	4.5389	3.6021	55.75	44.25

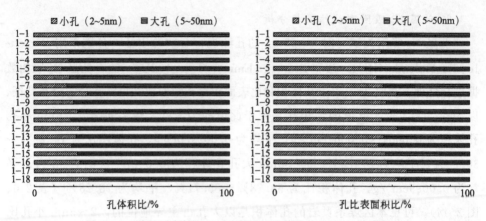

图 2.14　煤系页岩低温 N_2 吸附测试孔体积比及孔比表面积比

　　煤系页岩的低温 N_2 吸附测试结果反映的孔隙的分布具有普遍的规律性，孔体积在 2～5nm 区间缓慢增加，5～50nm 区间孔体积快速增加，仅个别样增加相对缓慢，且出现波动（图 2.15）。孔比表面积在 3nm 左右出现一个峰值，3～5nm 降低，然后缓慢上升，到 30nm 左右达到峰值，之后进入了缓慢下降阶段（图 2.16）。孔体积和比表面积分布特征在 5nm 孔径出现明显变化，故可以 5nm 为界分为小孔和大孔。

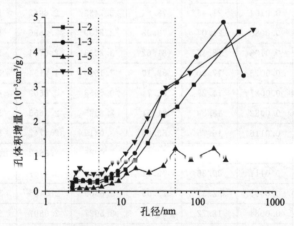

图 2.15　煤系页岩低温 N_2 测试孔体积分布特征

　　低温 N_2 吸附测试亦可对 2nm 以下微孔的研究提供一定的参考，一般采用 Saito-Foley（SF）法进行数据处理，获取孔体积分布特征。结果表明孔的体积尽管不大，但根据液氮的测试结果，可以推测其比表面积贡献显著。由孔体积分布曲线看，检测到的孔径下限为 0.7nm，此时的孔体积最大，随孔径增加孔体积在波动中减少（图 2.17）。

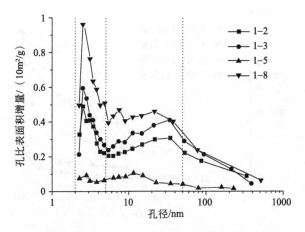

图 2.16　煤系页岩低温 N_2 测试孔比表面积分布特征

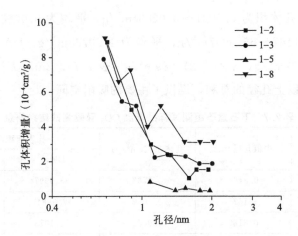

图 2.17　煤系页岩低温 N_2 测试微孔孔体积分布特征

国际纯粹与应用化学联合会（IUPAC）将等温线分为 Ⅰ～Ⅵ 六个类型，迟滞回线类型分为 H1～H4 四个类型[164]。本次测试样品均表现出 Ⅱ 型等温线和 H3 型迟滞回线，表明页岩内发育狭缝型孔隙（图 2.18）。同样，FE-SEM 的观察结果显示，下石盒子组煤系页岩的黏土矿物中发育大量的晶间孔隙隶属此类，这与北美和中国其他地区的测试结果相同[165,166]。

3. 低温 CO_2 吸附测试结果与分析

低温 CO_2 测试作为一种 2nm 以下微孔测试的方法得到广泛的应用，采用 Horvath-Kawazoe（H-K）法计算微孔体积，分别采用微孔气体吸附的 DR、DA 方程计算微孔比表面积。下石盒子组页岩中值孔径为 0.8180～1.7216nm，平均

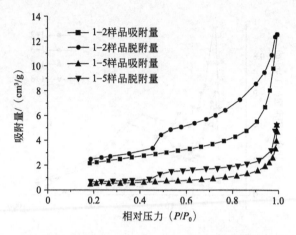

图 2.18　煤系页岩低温 N_2 测试吸附-解吸等温线

为 1.3219nm；孔体积为 $0.0021 \sim 0.0263 cm^3/g$，平均为 $0.0068 cm^3/g$；DR 法比表面积为 $5.1167 \sim 65.5997 m^2/g$，平均为 $17.0768 m^2/g$；DA 法比表面积为 $6.5152 \sim 87.6297 m^2/g$，平均为 $21.989 m^2/g$（表 2.7）。2nm 以下微孔的比表面积远大于 2nm 以上孔径的总和，提供了主要的吸附空间。

表 2.7　下石盒子组测试样品低温 CO_2 吸附测试结果信息

编号	中值孔径/nm	孔体积/(cm³/g)	比表面积/(m²/g)	
			DR 法	DA 法
1-1	0.8464	0.0263	65.5997	87.6297
1-2	1.1675	0.0032	7.9981	10.9166
1-3	0.8180	0.0053	13.1013	16.8235
1-5	0.9402	0.0021	5.1167	6.5152
1-6	0.9579	0.0050	12.5519	15.8866
1-7	1.0799	0.0050	12.5521	15.4677
1-8	1.1653	0.0079	19.6384	25.9762
1-9	0.9063	0.0064	15.8580	19.6429
1-10	1.6611	0.0070	17.5555	20.8681
1-11	1.3008	0.0053	13.1621	16.8577
1-12	1.6311	0.0077	19.3174	25.2236
1-13	1.7126	0.0060	15.0602	19.2182
1-14	1.7216	0.0046	11.3771	14.0189
1-15	1.6481	0.0064	16.0227	20.3640
1-16	1.6712	0.0045	11.2415	14.4241

煤系页岩的低温 CO_2 吸附测试结果反映出不同样品的孔径分布范围差异较大，部分样品主要分布于 0.5～1nm 间，且孔体积较小（图 2.19 中 1-3、1-5）；而部分样品主要分布于 0.7～1.7nm 间，但都是从最小孔径开始，孔体积在波动中下降（图 2.19 中 1-2、1-8）。

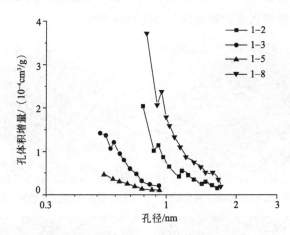

图 2.19 低温 CO_2 测试微孔孔径分布特征

二、裂隙特征

煤系页岩中的裂隙包括构造裂隙和非构造裂隙（图 2.20），其中构造裂隙是煤系页岩中最常见的裂隙类型。

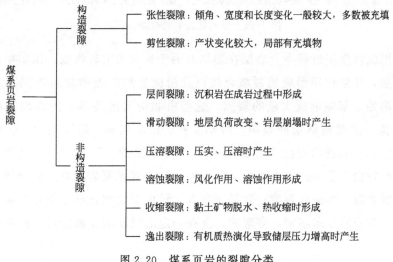

图 2.20 煤系页岩的裂隙分类

构造裂隙的方向、分布和形成与断层和褶曲的形成及发展有关，一般在背斜轴部、向斜轴部和地层倾没端，构造裂隙发育。根据力学性质的差别，构造裂隙又分为张性裂隙、剪性裂隙 [图 2.21(a)、(b)] 两种。图 2.21(a) 是济源凹陷野外露头剪切作用下煤系页岩被节理切割成菱形块，图 2.21(b) 是济源凹陷上三叠统谭庄组煤系页岩野外露头共轭剪切裂隙。

(a) 煤系页岩露头中的菱形共轭剪节理　　(b) 煤系页岩露头中的共轭剪切裂隙

(c) 煤系页岩中黏土矿物脱水形成的收缩裂隙　(d) 煤系页岩中黏土矿物流体逸出形成的微裂隙

图 2.21　煤系页岩中的裂隙特征

沉积成岩作用过程中，岩层在固结时由于失水而引起收缩，压实作用导致颗粒压裂，压溶作用形成的裂隙台线以及沿微裂隙两侧的粒间钙泥基质填隙物发生溶蚀，都能形成大量的裂隙，这些由非构造运动形成的裂隙统称为非构造裂隙，主要包括层间裂隙、滑动裂隙、压溶裂隙、溶蚀裂隙、收缩裂隙 [图 2.21(c)] 和逸出裂隙 [图 2.21(d)] 等 6 种裂隙。图 2.21(c) 是煤系页岩中黏土矿物脱水形成的收缩裂隙，图 2.21(d) 是煤系页岩中黏土矿物流体逸出形成的微裂隙。非构造裂隙一般局部发育，形成于沉积岩早成期和晚成期的风化阶段，其裂隙方向不定，多弯曲，常在一定的颗粒间迂回绕行，但极少有穿层现象。

第三节　煤系致密砂岩储层孔裂隙特征

以煤层或煤系页岩为烃源岩，与煤系烃源岩紧密相连的致密砂岩储层即为煤系致密砂岩储层。煤系致密砂岩储层孔渗性低、非均质性强，储层特征受成岩作用改造强烈。煤系致密砂岩储层孔隙以缩小的粒间孔、粒间溶孔、溶蚀扩大粒间孔、粒内溶孔、晶间微孔等孔隙为主。储层中天然裂隙的存在及分布，一方面为气体从源岩到储层的运移聚集提供有效的运移通道，控制着有利储层的分布；另一方面是致密砂岩储层渗透性的主要贡献者，控制着气体的产出。

一、孔隙特征

煤系致密砂岩储层的性质，在很大程度上取决于其微观-超微观孔喉结构，主要包括孔喉大小及其分布、孔喉空间的几何形态、孔喉间的连通性。一般来说，煤系致密砂岩储层孔隙喉道细小，毛细管压力高，中值半径一般小于 $1\mu m$。由于泥质杂基间和自生矿物晶孔组成的微孔占有较大比例，渗透率的大小除受孔隙大小的影响外，更受孔隙连通情况，即喉道半径大小、几何形态和结构系数的控制。砂岩低渗透储层孔隙喉道类型包括收缩喉道、片状或弯曲片状喉道和管束状喉道，但以后两者为主。孔隙结构可分为大孔隙喉型和小孔隙喉型，前者孔隙类型主要为残余原生粒间孔、粒间溶孔，喉道主要为细颈形和窄片形，孔喉比较大；后者孔隙类型以粒间溶孔和晶间微孔为主，喉道主要为管束状、窄片状，孔隙细小，喉道也较小，孔喉比比较低。

鄂尔多斯盆地上古生界煤系地层中山1段与盒8段致密砂岩储层属于煤系致密砂岩储层范畴，其沉积体系为海陆过渡的曲流河三角洲与辫状河三角洲。鄂尔多斯盆地苏里格地区整体为高产区，该地区山1段与盒8段煤系致密砂岩储层的孔隙特征分析如下：

（1）孔隙类型。山1段与盒8段由于成岩改造作用，如压实作用、胶结作用、压溶作用与裂缝作用等，导致原生孔隙被破坏，储层的储集空间以次生孔隙为主，约占 $90\%\sim95\%$，包括溶蚀孔隙、晶间孔隙与裂缝。其中溶蚀孔隙约占 60%，进一步可分为粒内溶孔与粒间溶孔。

（2）孔喉结构。最大孔喉半径分布范围 $0.25\sim181\mu m$，平均为 $14.14\mu m$，大部分分布范围为 $0.25\sim1.5\mu m$；中值孔喉半径分布范围为 $0.03\sim2.24\mu m$，主要

分布在 0.06～0.2μm 之间，总体上孔喉很细小；连续相饱和度介于 12.36％～36.77％，一般不超过 20％，说明孔喉连通性较差。储层孔喉分选系数在 2.12～6.73 之间，平均为 3.73，分选系数较大，孔喉分选较差。砂岩储层的排驱压力分布范围为 0.1～4.97MPa，一般小于 2MPa；中值毛管压力分布范围 0.1096～197MPa，主要集中在 3～50MPa 之间。排驱压力、中值毛管压力偏大，反映了气体进入储层较难。总体上来说，苏里格地区具有孔喉分布偏细，有效孔喉少，孔喉分选性差的特点。

（3）孔隙度。盒 8 上亚段平均孔隙度 5.92％，其中孔隙度小于 10％的样品占 90.06％，属于低孔储层；盒 8 下亚段平均孔隙度 6.16％，其中孔隙度小于 10％的样品占 93.93％，属于低孔储层；山 1 段平均孔隙度 4.78％，其中孔隙度小于 6％的样品占 75.11％，属于特低孔储层。

（4）渗透率。盒 8 上亚段平均渗透率 $0.52×10^{-3}μm^2$，其中渗透率在 $0.1×10^{-3}～10×10^{-3}μm^2$ 的样品占 52.63％，小于 $0.1×10^{-3}μm^2$ 的样品占 46.93％，属于低渗-致密储层；盒 8 下亚段平均渗透率 $0.88×10^{-3}μm^2$，其中渗透率在 $0.1×10^{-3}～10×10^{-3}μm^2$ 的样品占 56.21％，小于 $0.1×10^{-3}μm^2$ 的样品占 42.6％，属于低渗-致密储层；山 1 段平均渗透率 $0.24×10^{-3}μm^2$，其中渗透率在 $0.1×10^{-3}～10×10^{-3}μm^2$ 的样品占 34.52％，小于 $0.1×10^{-3}μm^2$ 的样品占 65.48％，属于低渗-致密储层。

二、裂隙特征

古构造应力场作用和含煤岩系岩体结构特征促成了煤系气储层变形的空间展布的不同，也形成了不同的岩体结构在空间上的变化。那么，由不同构造期的构造运动在煤系气储层中形成的裂隙方向及其发育程度，是控制原始储层渗透率的主要因素。不同期次的构造运动在煤系气储层中总会以裂隙、断层、褶皱等构造形式表现出来。沁水盆地东南部是目前成功实现煤层气大规模商业化开发的区块之一，通过对该区域含煤岩系露头大量野外观测，分析煤系致密砂岩储层的发育特征、分布规律、与有关构造的关系。

（1）裂隙方向分析。沁水盆地东南部地区野外露头观测结果显示，裂隙的倾向在 E、S、W、N 各个方向都有显示，总体表现为两个优势方向，即 NW-SE 向和 NE-SW 向（图 2.22），其中 NE-SW 向裂隙比 NW-SE 向更为发育，倾角平均为 82°，甚至有些裂隙倾角达 90°。裂隙常以高角度共轭剪裂隙形式露出，二叠系下石盒子组中细砂岩、上石盒子组粉砂岩中尤为发育，同一个点上可见到3~5组裂隙。高角度的裂隙和平滑的裂隙面，使得本区裂隙发育特征明显，且易于观测。

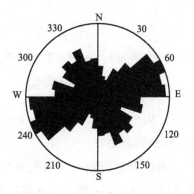

图2.22 裂隙走向玫瑰花图

（2）裂隙期次分析。裂隙之间多有切割，反映出力学性质的多样性和形成的多阶段性。不同期次构造裂隙的发育对于改善致密砂岩储层储集性能起着重要作用。经分析，划分为5组裂隙，代表性产状见表2.8。据裂隙的切割关系、分期配套分析结果，厘定为四套共轭剪裂隙（图2.23、图2.24）。第一期共轭剪裂隙由Ⅰ组和Ⅱ组配套组成，锐夹角指示近SN向的挤压，形成最早；第二期由Ⅰ组和Ⅲ组配套组成，锐夹角指示NW-SE向的挤压；第三期由Ⅰ组和Ⅳ组配套

表2.8 裂隙产状统计

分组编号	Ⅰ	Ⅱ	Ⅲ	Ⅳ	Ⅴ
产状	70°∠85°	285°∠87°	195°∠82°	312°∠80°	168°∠81°
走向	NNW-SSE	NNE-SSW	NWW-SEE	NE-SW	NEE-SWW

图2.23 喜山晚期裂隙切割燕山期裂隙

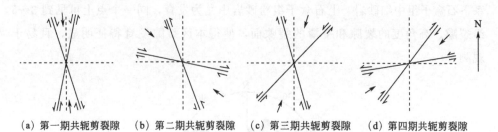

(a) 第一期共轭剪裂隙　(b) 第二期共轭剪裂隙　(c) 第三期共轭剪裂隙　(d) 第四期共轭剪裂隙

图 2.24　裂隙的分期配套

组成，锐夹角指示 NNE-SSW 向的挤压；第四期由Ⅱ组和Ⅴ组配套组成，锐夹角指示 NE-SW 向的挤压，形成时间最晚。

（3）构造应力场分析。根据上述裂隙的分期配套结果，恢复了沁水盆地东南部中生代以来的四期构造应力场：第一期是印支期近 SN 向挤压应力场；第二期是发生于燕山-喜马拉雅早期的 NW – SE 向的近于水平的挤压应力场；第三期是发生于喜山晚期的 NNE-SSW 向的挤压应力场；第四期是第四纪以来新构造期的 NE-SW 向的近水平挤压应力场。

（4）裂隙密度分析。一般来说，脆性岩层中的裂隙密度要比同一厚度的韧性岩层中的裂隙密度大［图 2.25(a) 为粉砂岩，(b) 为中砂岩］。在同一区域和岩性相同的情况下（图 2.26，均为细砂岩），裂隙密度与岩层的厚度呈现负指数幂的关系（图 2.27）。裂隙密度的大小直接受到岩层所受构造应力大小的控制，在构造应力集中的地带，如褶曲转折部位及断层带附近，裂隙的密度相对要大得多（图 2.28）。

(a) 粉砂岩　　　　　　　　　　　　　(b) 中砂岩

图 2.25　不同岩性的裂隙发育情况

图 2.26 同一岩性不同厚度的岩石裂隙发育情况

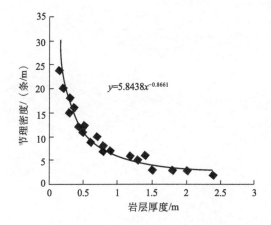

$y=5.8438x^{-0.8661}$

图 2.27 岩层厚度与裂隙密度关系

图 2.28 转折端不同厚度岩层近裂隙发育情况

第三章
煤系气储层孔隙压力
环境的再认识

　　孔隙是指煤系气储层中可被流体充填的空间，其决定了煤系气的赋存、解吸、扩散等。孔隙压力是指孔隙内流体的压力。在以往的认知中，将地层内的压力环境认为是一个连通的整体，采用"地层压力"这一概念，通常认为孔隙压力、储层压力和地层压力三者相同。但这一认知，忽视了孔隙内液态物质的存在，由于孔隙内液态物质客观存在，在毛管压力的作用下其对孔隙内部空间形成分隔，使得孔隙内部形成一个特殊的压力环境，孔隙内流体的压力已不再与储层压力和地层压力相等。

第一节　孔隙中气水两相并存

一、孔隙中水的来源

　　煤的形成过程可以分为三个阶段：泥炭阶段、成岩阶段以及成煤阶段。水环境是前两个阶段的主要场所，进入成煤阶段，热成因气产生的同时也伴随有液态物质的产生，包括水以及一些液态烃类[167-169]。由此可见，煤储层既可能保存泥炭阶段、成岩阶段的水，同时在其形成过程中也会生成以水为主的液态物质（图3.1）。同理，煤系页岩和致密砂岩储层的孔隙中也存在液态水。

　　因此，煤系气储层中水是必然存在的，差别主要在于水的量的多少。值得注意的是，少量水的存在就可以在纳米级微孔中形成毛管压力。

二、孔隙中的气相物质

　　煤系气储层孔隙中水环境的存在是毋庸置疑的，但笔者认为孔隙中同时也存在气相物质。气相物质主要来自于煤系烃源岩产生的各类气体，若不能克服毛管压力，则会被封堵至孔隙中，为验证这一现象，本书利用NMR对煤储层孔隙内的气相物质进行了探测。

（一）基于NMR的煤储层孔隙内气相物质探测实验

　　将经过干燥和饱水处理后的煤样分别进行NMR测试，随后累计T_2图谱得到图3.2。图3.2(a)显示，焦作赵固二矿煤样干燥状态下的信号量在饱水状态下消失了，此外干燥和饱水样品的T_2起点也发生了改变，饱水样品相对干燥样品发生了右移，两条曲线在10nm附近发生了交叉，饱水样品在更小的孔径范围内就达到了干燥状态下的峰值强度。而由图3.2(b)可知，柳林沙曲矿煤样则并

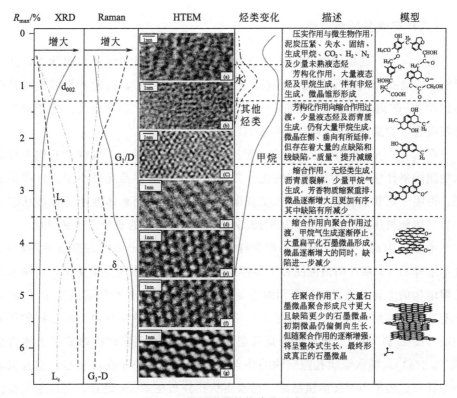

图 3.1 煤的微晶结构演化示意图

未发生两类曲线交叉的现象，且两条曲线起点一致，在饱水样品和干燥样品中相同累计信号量也对应的孔径大小不一，饱水小于干燥。

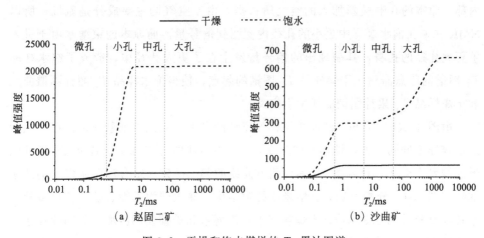

图 3.2 干燥和饱水煤样的 T_2 累计图谱

（二）实验分析与讨论

前人认为，在纳米级孔隙内物质为单一相，并不存在气液两相状态，从而否定了连通孔隙内超压环境的存在。通过观察赵固二矿和沙曲矿煤样饱水前后的累计 T_2 图谱（图 3.2）可知，在纳米级孔隙内发现了异常现象，这种现象的出现极有可能是气液两相同时存在的证明。

在图 3.2(a) 和图 3.2(b) 中，都出现了相同的现象：干燥样品和饱水样品达到相同累计信号量时所对应的孔径并不一样，饱水样品孔径小于干燥样品孔径，说明干燥状态存在物质的体积被压缩，其存在空间整体变小；自然状态下只有气体能被压缩，结合 NMR 的探测特性，气相物质的成分应该是甲烷。

由图 3.2(a) 可知，赵固二矿煤样两条 T_2 累计图谱曲线的起点并不相同，且饱水样品 T_2 累计图谱曲线和干燥样品 T_2 累计图谱曲线发生交叉，而纳米级孔隙结构的差异是造成这种差别的主要原因。饱水样信号量的起点发生了滞后，表明在更小的纳米级孔内原本存在的信号量消失了，结合赵固二矿煤样的压汞曲线（图 2.2）发现，极有可能是其墨水瓶状半封闭孔隙结构造成了上述现象 [图 3.3(a)]。墨水瓶状孔隙结构的特点是孔口直径远小于孔体直径，有且只有一个孔口。根据 NMR 测试结果，墨水瓶状孔分布在 10nm 附近，与压汞实验结果相吻合。干燥样品在更小孔径所表现出的信号量属于残留在孔口处的束缚水，在后期饱水过程中，外来水带来的毛管压力打破了孔隙内部原本的压力平衡，存在于孔喉的束缚水被挤入孔身内部。此外，部分空气也被毛管压力挤入孔身内部。原本的孔喉被新加入的空气所占据，由于空气的主要成分是氮气，所以 NMR 并未在饱水煤样中更小的孔径内探测到信号量，而原本的束缚水由于进入了更大孔径的孔身，其表现出的信号量发生在了更大孔径中，造成了饱水样品 T_2 图谱的起点滞后于干燥样品 T_2 图谱的起点，使得饱水样品 T_2 累计图谱曲线和干燥样品 T_2 累计图谱曲线发生交叉。

由图 3.2(b) 可知，沙曲矿煤样的累计图谱中，除上述现象外也存在与赵固二矿煤样不同的地方，即饱水样品 T_2 累计图谱曲线并未和干燥样品 T_2 累计图谱曲线发生交叉，且两条 T_2 累计图谱曲线的起点一致。结合沙曲矿煤样的压汞曲线（图 2.4）分析可知，其纳米级孔隙结构主要表现为毛细管状，孔口直径大于孔身直径 [图 3.3(b)]。干燥状态下，束缚水和被锁住的游离气共同存在于纳米级孔隙中，束缚水存在于孔隙外端，游离气则被孔隙和束缚水包裹。饱水过程中，外来水由于毛管压力进入孔隙，改变了原有压力平衡，增加了指向更小孔径方向的毛管压力，促使束缚水进入了更小的孔径之中，同时内部气压变大，被煤基质吸附，游离气量降低，气体体积压缩，所以饱水状态相比干燥状态下累计信号量在 NMR 测试中表现为更小的 T_2 时间，即更小的孔径，最终造成相同 T_2 累计信号量时对应不同孔径的现象。

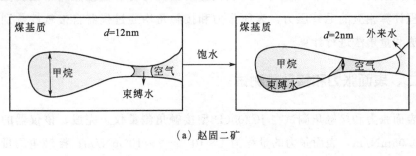

（a）赵固二矿

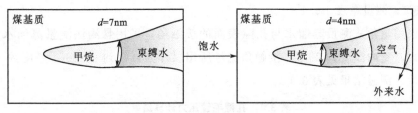

（b）沙曲矿

图 3.3　饱水前后孔隙环境变化

第二节　孔隙毛细管压力测试

在漫长的地质演化中，煤系气储层孔隙内客观上气液两相介质并存。由于孔隙内液态物质的存在，运移过程中将会产生毛管压力。毛管压力大小与孔隙直径、液体与孔隙表面接触角和液体表面张力有关，可采用拉普拉斯方程进行计算。

一、煤样选取及制备

本实验所用煤样采自大同永定庄矿、柳林沙曲矿、晋城赵庄矿、晋城寺河矿、洛阳新义矿、鹤壁四矿、焦作赵固二矿、焦作中马村矿、太原东曲矿、宿州祁东矿共计 10 个矿井，所用页岩样品采自宿州祁东矿，所用致密砂岩样品采自鄂尔多斯盆地苏里格地区。

使用研磨机将煤/岩样破碎后过 200 目筛子，各样品分别选取出粒度小于或等于 200 目的煤/岩粉 15g，编号保存备用。将约 2g 煤/岩粉放入圆柱形模具中，使用压力实验机，加载 12MPa 的轴向压力，压制 2min，压制成直径 20mm、厚度不超过 2mm 的薄片，要求薄片表面光滑且无肉眼可辨识的裂纹。使用接触角测量仪分别测试蒸馏水在空气中的表面张力及其与薄片的接触角，根据拉普拉斯方程计算相应的毛管压力，表面张力和接触角均通过仪器自带软件分别选用悬滴法和量角法进行计算。

二、表面张力和接触角测试

表面张力和接触角测试在 JC2000D 型接触角测量仪上完成，该仪器的分辨率 ±0.05mN/m，表面张力的量程为 $1\times10^{-2}\sim2\times10^{3}$mN/m；接触角测量范围 $0\sim180°$，测量精度 $\pm0.1°$。

采用量角法测量蒸馏水与孔隙表面的接触角，采用悬滴法测量蒸馏水的表面张力，室内温度为 25℃，接触角测量所用煤样为直径约 20mm、厚度约 1mm 的煤片。测量结果见表 3.1。

表 3.1　孔隙毛管压力计算结果

地区	σ/(mN/m)	r/nm	θ/(°)	p_c/MPa
大同永定庄矿			48.25	19.59
柳林沙曲矿			66.5	11.73
晋城赵庄矿			67.25	11.38
晋城寺河矿			62.65	13.52
洛阳新义矿			57	16.02
鹤壁四矿			59.25	15.04
焦作赵固二矿	73.55	5	45.3	20.69
焦作中马村矿			56	16.45
太原东曲矿			88	1.03
宿州祁东矿			67.5	11.26
祁东泥岩 1			31.25	25.15
祁东泥岩 2			33	24.67
祁东泥岩 3			35	24.10
苏里格中砂岩			43.5	21.34
苏里格细砂岩			35	24.10

三、毛管压力计算

将表面张力测试和接触角测试得到的结果代入式（3.1），并计算孔隙半径为 5nm 时的毛管压力。计算结果见表 3.1。

$$p_c = \frac{2\sigma\cos\theta}{r} \tag{3.1}$$

式中，p_c 为毛管压力，MPa；σ 为蒸馏水与空气的界面张力，mN/m；θ 为蒸馏水与煤孔隙表面的接触角，(°)；r 为孔隙半径，nm。

当煤系气储层埋深达到 1000m 时，静水柱压力就已经达到 10MPa 左右。根据表 3.1 得到的计算结果可知，煤系气储层孔隙半径为 5nm 时，孔隙内的毛管压力最高可达 25.15MPa，若再考虑储层压力，则孔隙内压力环境已经构成超压环境。

第三节　孔隙压力的再认识

毛管压力的存在造成孔隙内气体运移过程中需要克服额外的阻力，当气体运移的动力不足以克服额外阻力时，其将不能进行有效的运移，形成压力封闭空间。当地层埋深降低，孔隙内压力大于正常储层压力时形成超压环境。现有的储层压力测试手段主要为注入/压降试井，其获得的是储层压力，而非孔隙压力，并不能真实表征孔隙压力环境。本节通过吸附/解吸测试证实孔隙毛管压力对煤系气储层内气体赋存、运移产生的重要影响。

一、孔隙压力简介

（一）孔隙压力类型

孔隙压力是孔隙内流体运移、产出的动力，为便于对其描述，依据中国煤炭地质总局的储层压力梯度划分标准，以孔隙压力梯度 9.30kPa/m 和 10.30kPa/m 为界，将孔隙压力分为欠压、正常和超压（表 3.2）。

表 3.2　孔隙内压力分类

压力类型	压力梯度/(kPa/m)	形成原因
欠压	<9.30	第一极值孔径内无液塞
正常	9.30～10.30	第一极值孔径内存在液塞
超压	>10.30	第二极值孔径内存在液塞

由于我国大部分地区的地层压力普遍表现为正常压力或欠压，对于煤系气储层而言并非所有的孔隙内均处于同一压力环境，其存在一个孔隙压力环境形成的"极值孔径"，即当液态物质赋存的孔径小于极值孔径时，其产生的毛管压力与储层压力足以提供压力，使孔隙内压力达到正常压力或超压，前者称为第一极值孔径，后者称为第二极值孔径。对于煤系气储层而言，其储层内液体以地下水为主，且水的表面张力相对于有机烃类较大，煤系气储层均表现出较差的亲水性，故孔隙内同一孔径下的最大毛管压力由地下水提供。据此，针对某一储层而言，其表面物理性质不变，即地下水与岩石的接触角（θ）为一固定值，则其储层内孔隙超压环境形成的"极值孔径"可采用式（3.2）进行计算。

$$r_e = \frac{2\sigma\cos\theta}{p_d} \tag{3.2}$$

$$p_d = mh - p_r \tag{3.3}$$

式中，r_e 为极限孔径，m；σ 为液体表面张力，mN/m；θ 为接触角，（°）；p_r 为储层压力，N；m 为储层压力梯度，第一极值孔径和第二极值孔径分别取 9.30kPa/m 和 10.30kPa/m；h 为储层埋深，m。

（二）孔隙压力构成

在漫长的地质演化中，煤系气储层基质孔隙内客观上气液两相介质并存，由于孔隙内液态物质的存在，运移过程中将会产生毛管压力。毛管压力的存在造成基质孔隙内气体运移过程中需要克服额外的阻力，当气体运移的动力不足以克服额外阻力时，其将不能进行有效的运移，形成压力封闭空间。当地层埋深降低，基质孔隙内压力大于正常储层压力时形成超压环境。现有的储层压力测试手段主要为注入/压降试井，其获得的是储层压力，而非基质孔隙压力，并不能真实表征储层内压力。孔隙压力 p_p 由毛管压力 p_c 和储层压力 p_r 两部分构成，即 $p_p = p_r + p_c$（图 3.4），其值将大于储层压力。

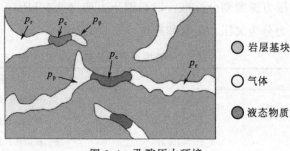

岩层基块

气体

液态物质

图 3.4　孔隙压力环境

（三）孔隙压力环境形成的前提与关键

（1）孔隙内液塞的形成是超压环境形成的前提。在部分较大孔隙中，孔隙内液体赋存于孔壁而尚未凝结形成液塞，则孔隙压力即为储层压力，并未在孔隙内形成特殊的压力环境。只有当孔隙内液体凝结形成液塞，使得基质孔隙内形成隔断的空间，孔隙内才能形成特殊的压力环境。

（2）孔隙内液体毛管压力的存在是孔隙压力环境形成的关键。孔隙内液塞形成后，液体的毛管压力在储层内流体运移过程中均表现为阻力，当外部流体进入孔隙内时，毛管压力表现为阻力，阻碍外部流体的进入，即 $p_p = p_r + p_c$；当外部环境发生变化，储层压力低于孔隙内压力，即 $p_r < p_p$ 时，毛管压力表现为阻力，阻碍孔隙内气体向外运移，最终达到平衡状态时，即 $p_p = p_r + p_c$，孔隙压力环境形成。

（3）极值孔径是孔隙内压力环境类型的主控因素。孔隙压力由储层压力和毛管压力两部分组成。我国煤层气勘探开发的资料显示，含煤地层储层压力以正常压力和欠压为主，故毛管压力的大小将决定孔隙压力类型。前文中已引入极值孔径的概念，若在小于第一极值孔径或第二极值孔径的孔隙内存在液塞，则其将提供足够的毛管压力，在储层压力的共同作用下，使得孔隙内压力达到正常压力或超压。当小于第二极值孔径的孔隙内具有液态物质赋存，则其所具有的毛管压力与储层压力共同作用，提供足够的压力使得孔隙的压力达到超压，孔隙的超压环境形成。

二、吸附/解吸测试

（一）实验材料与设备

（1）煤样：分别选取河东煤田沙曲矿焦煤、西山煤田东曲矿瘦煤、焦作煤田九里山矿无烟煤、宿州煤田祁东气煤的新鲜煤样，编号保存备用。

（2）注入液体：蒸馏水。

（3）实验设备：自主设计的煤系气储层模拟产出试验仪，主要由高压供气系统、测试系统、注液系统以及计量系统四部分组成（图3.5）。

（二）实验步骤

（1）制取煤样：使用研磨机将煤样破碎后过筛子，各煤样分别选取出粒度

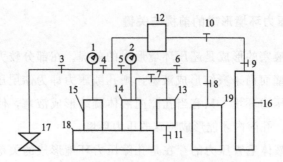

图 3.5　吸附/解吸试验仪结构示意图

1，2—压力表；3～9—控制阀；10—减压阀；11—备压阀；12，13—气体流量计；
14—样品缸；15 参考缸；16—高压气瓶；17—真空泵；18—恒温箱；19—注液泵

为 18～40 目 1000g 煤样，编号并干燥保存备用。

（2）检查实验装置气密性，取干燥煤样 500g 装入样品罐中，测量样品罐装样后的自由空间体积。

（3）开启恒温水浴箱，设定水浴温度为 25℃，打开样品罐阀门，向样品罐中注入氮气，使罐中的压力达到 4.5MPa，直至吸附平衡（压力值 30min 内变化小于 0.01MPa），记录平衡时压力及注入氮气量。

（4）连接样品罐与气体流量计，打开样品罐阀门，进行变压解吸，记录累计解吸量与对应时刻样品罐内压力值，直至解吸量停止变化（8h 内总解吸量变化小于 1mL），终止解吸。

（5）重复步骤（2）～步骤（4），对含蒸馏水煤样进行变压解吸测试。

（6）重复步骤（2）～步骤（3），当样品缸中压力平衡后，对样品缸注入蒸馏水，使样品缸压力上升至 7MPa，待其压力稳定后重复步骤（4）。记录数据并计算吸附气量、解吸气量、残余气量和残余气百分比等（表 3.3）。

表 3.3　吸附/解吸实验记录

地区	样品类型	吸附气 /(cm³/g)	解吸气 /(cm³/g)	残余气 /(cm³/g)	残余气比例 /%
沙曲矿	干燥样	6.54	5.92	0.62	9.45
	拌水样	5.38	4.45	0.94	17.39
	注水样	6.92	5.66	1.26	18.22
东曲矿	干燥样	12.82	12.21	0.60	4.84
	拌水样	8.86	6.81	2.05	23.18
	注水样	12.72	10.46	2.26	18.20

地区	样品类型	吸附气 /(cm³/g)	解吸气 /(cm³/g)	残余气 /(cm³/g)	残余气比例 /%
九里山矿	干燥样	14.27	13.46	0.81	5.67
	拌水样	7.61	5.94	1.67	21.94
	注水样	14.97	10.46	2.26	15.1
祁东矿	干燥样	6.05	5.61	0.44	7.07
	拌水样	5.21	4.37	0.84	16.12
	注水样	6.38	5.52	0.75	13.32

（三）实验结果与分析

通过对实验数据的分析，得到以下结论：

（1）通过对干燥煤样的拌水预处理后，部分水将进入样品孔隙中，气体在孔隙内运移的过程中需要克服这部分水所形成的毛管压力。实验注气阶段，注入的氮气需要克服毛管压力方能进入基质孔隙内，如果气体压力低于毛管压力其将无法进入样品孔隙。以东曲煤样为例，根据前文实验已获取的参数，代入式（3.1）计算，氮气在4.5MPa的驱动压力下能够进入的最小孔径为29.7nm，低于此孔径的孔隙气体将无法进入，故拌水样吸附能力远低于干燥样。

（2）拌水样品注入氮气结束后，其约有24h的吸附平衡时间，拌入的水量远大于其孔隙所能容纳的量，则其必然有部分水赋存于样品表面。随着注入气体的结束，部分外表面的水将会进入孔隙，或部分内表面的水膜将会凝结为液塞，致使气体解吸过程中部分气体孔隙内因无法克服该水柱产生的毛管压力而无法产出。随着解吸的进行，外部压力不断降低，基质孔隙内压力将大于外部压力，形成基质孔隙超压环境。由于部分气体无法运移产出，造成拌水样部分吸附气无法运移、产出，致使大量气体残余。

（3）注水样测试中，在测试样品吸附平衡后，高压水注入样品缸，部分水在高压作用下将进入样品基质孔隙，并在其内形成毛管压力，其作为高压水注入的阻力，最终毛管压力、基质孔隙压力、样品缸压力三者将达到平衡。气体解吸阶段，毛管压力将转化为气体运移的阻力，孔隙内气体需要克服毛管压力，驱替孔隙内水方可进行运移产出，如果气体无法驱替毛管压力，则随着解吸的进行，外部压力不断降低，基质孔隙内压力将大于外部压力，形成基质孔隙超压环境。如东曲煤样在7MPa的注入压力下蒸馏水将进入19.1nm孔径的孔隙内，进而堵塞孔隙，样品内气体产出的临界孔径为 19.1nm，小于临界孔径的孔隙内，气体无法克服毛管压力的阻碍，被"锁"在孔隙内，造成注水样基质孔隙内部分气体无运移产出，导致大量气体残余。

三、微孔超压环境对煤系气赋存的影响

煤系气储层超压环境的存在是毋庸置疑的，而处于微孔超压环境下煤系气的赋存状态相较于常规储层压力必然存在很大不同。众所周知，煤层气和煤系页岩气主要以吸附态、游离态和溶解态的形式赋存于储层中，而煤系致密砂岩气主要以游离态和溶解态的形式赋存于储层中，考虑微孔超压环境下吸附气、游离气和溶解气的含量必然被低估。

通过吸附/解吸实验可知，由于煤系储层基质孔隙内液态物质的存在，导致在纳米级微孔内形成毛管压力，在解吸过程中若孔隙内气相压力无法突破毛管压力的封堵，这部分气体将被封堵至孔隙内，形成微孔超压环境。通过本章第一节可知，在真实的煤系气储层环境中液态物质是始终存在的，只是含量的多少而已，既有原始沉积环境中的液态物质，同时煤系气的形成过程也会产生一定的液态物质。这些液态物质的存在为毛管压力的形成奠定了基础，从而会封堵赋存于孔隙中的煤系气。在地质历史演化过程中，煤层气储层和煤系页岩气储层可能会持续生烃，造成孔隙内含气量不断增加，游离气气相压力进而升高。此时若气相压力大于毛管压力和储层压力，则煤系气会突破超压环境的封堵，进一步运移产出至煤系气储层裂缝中，反之则会被继续封堵至储层基质孔隙内。

为什么以往煤层气含量测试并没有测得如此高的含气量呢？而发生煤与瓦斯突出后折算的吨煤瓦斯涌出量一般在 50m³/t 以上，高的可达 200m³/t？这可能与含气量的测试方法有关，含气量测试只测得了解吸气和残留气，逸散气是根据解吸的初期解吸量与时间呈线性关系计算出来的，但这种关系是否符合实际情况，有待进一步探讨。在揭露煤体后，微孔超压环境得以快速卸压，这时必定携带大量的瓦斯产出，目前对这部分逸出的气体缺乏必要的测试手段。在含气量测试过程中，通常测定的是微孔卸压后进入正常解吸扩散阶段的含气量。煤体破坏越严重，微孔卸压逸出瓦斯的速率就越大，测量的误差就越大。要解决这个问题，就必须采用高压密闭取芯测试，但目前无论是地面煤层气领域还是煤矿井下瓦斯抽采领域，都没有进行此项试验。

第四章
煤系气储层孔隙压力
环境的演化机制

煤系气储层孔隙压力环境的形成是生烃效应、储层地质构造、埋深和地下水运移等因素共同作用下的结果。以煤储层孔隙压力演化为例，在泥炭阶段，植物遗体演变为疏松多孔的介质，形成了原始孔隙；进入成岩阶段，随着埋深的增加，温度升高、压力增大，孔隙压力受上覆岩层压力和内部物质受热膨胀的影响而增大；在成煤阶段，热成因气开始生成，游离气、吸附气和溶解气逐步出现，最终"三态"趋于饱和，含气量达到当时条件最大值，随后的煤层破裂、地下水运移、构造运动等会共同影响孔隙压力演化，最终形成现今的孔隙压力。

第一节　孔隙压力演化史的研究方法

煤系气储层孔隙形成伊始，内部就存在一定的流体，这些流体体积的多少决定了压力的大小。孔隙内部体积占比最大的是气相物质，而气相物质的来源是煤系烃源岩生烃过程中产生的烃类气体。由于无法直接获得煤系烃源岩生烃过程的生气量，从而也就无法直接获得储层孔隙压力。为此采取间接方法来获得在生烃结束后储层的孔隙压力，即古温度和压力测试，随后根据地质历史演化过程的条件，预测现今储层压力，构建储层含气量聚气历史。

一、死孔隙压力演化恢复方法

（一）死孔隙压力演化恢复具体步骤

死孔隙是指煤系储层中的孤立孔隙，不与外界发生物质交换的孔隙。因此，死孔隙压力完全与自身生气量有关。煤系烃源岩经历最后一次生烃过程之后，孔隙内部总含气量不变，死孔隙中的气体仅仅存在相态之间的转变，但由于烃类气体在水中溶解度有限，因此不考虑溶解气的贡献。在地层抬升过程中，死孔隙温度和压力降低，孔内吸附气向游离气转变，会改变原本的压力环境，与此同时温度降低也带来游离气体积的减小，同样带来压力损失。因此死孔隙压力演化恢复按照以下步骤进行研究：

（1）了解煤系气储层的埋藏史、热史以及成熟度史，明确其大致形成过程，为孔隙压力演化提供一定的资料补充；

（2）采集煤层顶板岩样，利用包裹体实验测试古压力和古温度，确定烃类气体的充注期次和煤系烃源岩生排烃期间的压力及温度；

（3）根据死孔隙内物质的量不变这一特点，以煤系烃源岩生排烃期间的压力和温度为基准，采用"地层抬升后储层压力预测方法"，恢复生烃结束后死孔隙的压力演化史，值得注意的是虽然不考虑溶解气的压力贡献，但仍需考虑液体体积随温度压力的改变；

（4）根据上述步骤得到的死孔隙压力演化史，确定其是否超压（孔隙内游离气体的气相压力远高于静水柱压力，即为超压）；结合地质历史时期煤系气储层的破裂压力，探讨微孔超压环境的维持情况，并查明死孔隙压力环境的影响因素。

（二）地层抬升后储层压力预测方法

地层抬升前后煤系气储层的温度、压力、吸附气量、游离气量、孔隙中水体积和气体体积都会发生一定程度的改变，根据地层抬升前的温度和压力可以得到抬升后的地层压力。

1. 假设条件

为最大程度简化计算过程，在储层压力预测之前需要设定几个条件：

（1）地层在抬升过程中储层孔隙度不会发生改变；

（2）储层中气体只有甲烷，不考虑其他气体的存在；

（3）游离态的甲烷气体视为理想气体；

（4）压缩因子与温度和压力相关，而抬升过程中温度减小、压力减小，因此将压缩因子设为固定值"1"；

（5）在地质历史演化过程中，储层孔裂隙系统处于封闭状态，即没有自身流体的损失和外来流体的补充。

2. 推导过程

众所周知，甲烷在水中的溶解度十分有限，溶解气含量的贡献也就非常小，同时也意味着即使溶解气转化为其他状态气体，对压力的贡献也是少之又少，因此在预测储层压力环节中不考虑储层水中的溶解气。

游离态气体由理想气体状态方程表达：

$$pV = nRT \tag{4.1}$$

式中，p 为游离态气体的压力，MPa；V 为游离态气体的体积，m^3；n 为游离态气体物质的量，mol；R 为普适气体常数，为 $8.314 J/(mol \cdot K)$；T 为游离态气体的温度，K。

求游离态气体体积时可转为等效公式：

$$V = \frac{nRT}{p} \tag{4.2}$$

吸附态气体由兰氏方程表达：

$$V_{ad} = \frac{V_L p_r}{p_L + p_r} \tag{4.3}$$

式中，V_{ad} 为吸附量，即单位质量储层在压力为 p_r 时的吸附气体积，cm^3/g；V_L 为兰氏体积，cm^3/g；p_r 为储层压力，MPa；p_L 为兰氏压力，MPa。

已知抬升前地层的温度为 t_1，压力为 p_{r1}；抬升后温度为 t_2；标准状况下温度为 t_0，压力为 p_0。根据这些条件，通过下列过程计算出抬升后的压力 p_{r2}。

储层孔裂隙中甲烷气体以两种形式存在：吸附态和游离态。则抬升前后储层的含气量（V_1 和 V_2）可由储层的吸附量（V_{ad1} 和 V_{ad2}）和储层孔裂隙中的游离气量（V_{fr1} 和 V_{fr2}）计算得到，即

$$V_1 = V_{ad1} + V_{fr1} \tag{4.4}$$

$$V_2 = V_{ad2} + V_{fr2} \tag{4.5}$$

式中，V_1 为抬升前储层的含气量，cm^3/g；V_2 为抬升后储层的含气量，cm^3/g；V_{ad1} 为抬升前储层的吸附气含量，cm^3/g；V_{ad2} 为抬升后储层的吸附气含量，cm^3/g；V_{fr1} 为抬升前储层的游离气含量，cm^3/g；V_{fr2} 为抬升后储层的游离气含量，cm^3/g。

由前述假设条件可知 $V_1 = V_2$，则

$$V_{ad1} + V_{fr1} = V_{ad2} + V_{fr2} \tag{4.6}$$

根据兰氏方程和吸附势理论，可以得到抬升前后储层的吸附气含量为：

$$V_{ad1} = \frac{V_{L1} p_{r1}}{p_{L1} + p_{r1}} \tag{4.7}$$

$$V_{ad2} = \frac{V_{L2} p_{r2}}{p_{L2} + p_{r2}} \tag{4.8}$$

式中，V_{L1} 为抬升前的兰氏体积，cm^3/g；V_{L2} 为抬升后的兰氏体积，cm^3/g；p_{L1} 为抬升前的兰氏压力，MPa；p_{L2} 为抬升后的兰氏压力，MPa；p_{r1} 为抬升前储层压力，MPa；p_{r2} 为抬升后储层压力，MPa。

地层水的膨胀系数和压缩系数在一定温度条件下被当作常数，因此可以依据液体状态方程式（4.9）来获取不同温度和压力条件下储层孔裂隙中水体积的变化。

$$V_W = V_0 [1 + \alpha(T - T_0) - \beta p] \tag{4.9}$$

式中，V_0 为初始条件下水的体积，cm^3；T_0 为初始条件下水的温度，K；α 为水的膨胀系数，取值 $4 \times 10^{-4} K^{-1}$；β 为水的压缩系数，取值为 $3 \times 10^{-4} MPa^{-1}$；$V_w$ 为温度 T 和压力 p 条件下水的体积，cm^3。

由上可知，抬升前单位质量储层孔裂隙中气的体积为 $\Phi x/\rho$，水的体积为 $\Phi(1-x)/\rho$，由理想气体状态方程，抬升前单位质量储层孔裂隙中游离态气体的体积为：

$$V_{fr1} = \frac{t_0 p_{r1} \Phi x}{t_1 p_0 \rho} \tag{4.10}$$

式中，t_0 为标准状态下温度，取值 298K；p_0 为标准状态下压力，取值 0.101325MPa；ρ 为储层密度，g/cm^3；Φ 为孔隙度，%；x 为孔隙中游离气体积的占比，则孔隙中地层水的占比为 $1-x$，%。

抬升前储层的含气量为：

$$V_1 = V_{ad1} + V_{fr1} = \frac{V_{L1} p_{r1}}{p_{L1} + p_{r1}} + \frac{t_0 p_{r1} \Phi x}{t_1 p_0 \rho} \tag{4.11}$$

由式（4.9）得出抬升后单位质量储层孔、裂隙中水的体积为：

$$V_{w2} = \frac{\Phi}{\rho}(1-x)[1 + \alpha(t_2 - t_1) - \beta p_{r2}] \tag{4.12}$$

则抬升后储层的游离气含量为：

$$V'_{fr2} = \Phi/\rho - V_{w2} = \Phi\{1 - (1-x)[1 + \alpha(t_2 - t_1) - \beta p_{r2}]\}/\rho \tag{4.13}$$

换算为标准状态下体积为：

$$V_{fr2} = \frac{t_0 p_{r2}}{t_2 p_0} \times \frac{\Phi}{\rho}\{1 - (1-x)[1 + \alpha(t_2 - t_1) - \beta p_{r2}]\} \tag{4.14}$$

将式（4.6）、式（4.7）、式（4.9）和式（4.13）都代入到式（4.5）中，得：

$$\frac{V_{L1} p_{r1}}{p_{L1} + p_{r1}} + \frac{t_0 p_{r1} \Phi x}{t_1 p_0 \rho} = \frac{t_0 p_{r2}}{t_2 p_0} \times \frac{\Phi}{\rho}\{1 - (1-x)[1 + \alpha(t_2 - t_1) - \beta p_{r2}]\} + \frac{V_{L2} p_{r2}}{p_{L2} + p_{r2}} \tag{4.15}$$

由此方程可计算出抬升后的储层压力 p_{r2}。

3. 注意事项

（1）在储层实际温度、压力条件下，储层中赋存的气体状态变化应该遵循实际气体状态方程——范德华方程：

$$\left(p + \frac{n^2 a}{V^2}\right)(V - nb) = nRT \tag{4.16}$$

式中，$\dfrac{a}{V^2}$ 为内压，其是因分子间有吸引力而对压力的校正，Pa；b 为已占体积，其是因分子有一定的大小而对体积的校正，它相当于 1mol 气体中所有分子本身体积的 4 倍，m^3。

（2）可以通过改变抬升前孔隙中水和气的比例来确定在其他条件都相同的情况下，气水以什么比例出现可以使抬升后出现高压。

（3）根据求出的压力值和相应的深度之间的比例关系，可以求出在假设条件下抬升后理论的压力梯度。

（4）抬升前后的温度可以通过地温梯度和相应的埋深求出；如果在构造运动过程中出现过地温梯度的变化，则应该把地温梯度改变的位置作为分割点将抬升过程分为 2 个或多个阶段，然后各自求出各阶段相应的压力变化。

（5）选定的构造抬升阶段可以处于某一盆地地层演化的任何一个没有流体生成的抬升过程。

（6）初始条件中，地层压力可为任何状态，即可为正常、高压或者欠压状态。

（7）如果选择的某一地层的抬升过程是其构造演化阶段的最后一个过程，即从某一演化点到现今一直长此下去构造抬升阶段，则可以用来预测现今的地层压力。

二、连通孔隙压力演化史恢复方法

（一）连通孔隙压力演化史恢复基本方法

连通孔隙是指煤系气储层中与外界存在沟通、流体可以从中运移产出的孔隙。根据煤的微晶结构演化、工业分析和基于 NMR 的煤储层孔隙内气相物质探测实验，证明煤系气储层中纳米级微孔中确实含有气水两相。连通孔隙中水与甲烷共同存在于其中，由于此类孔隙与外界相连通，其内部孔隙压力等于毛管压力与储层压力之和。在地层抬升过程中，储层压力和温度将产生一定程度的降低，从而改变连通孔隙内部的压力环境，同时地层抬升也可能造成气体逸散。因此，在死孔隙压力演化史恢复方法的基础上，考虑储层抬升过程中煤系气的逸散量及其带来的压力影响，即可恢复连通孔隙的压力演化史。

储层抬升过程中煤系气逸散量的求取方法如下：

（1）利用吸附势理论建立不同温度、压力和煤阶下的等温吸附量模板；

（2）根据储层埋藏史、热史和成熟度史确定地层抬升关键时刻的温度、压力和煤阶，构建理论含气量演化史；

（3）根据储层埋藏深度的变化和理论含气量演化史，结合研究区勘察生产资料，计算煤系气聚散史，并绘制煤系气聚散史剖面；

（4）根据聚散史剖面，绘制连通孔隙含气量演化史，确定储层抬升过程中的煤系气逸散量。

查明考虑毛管压力的连通孔隙的压力演化史后（连通孔隙内游离气体的气相压力是由储层压力和毛管压力两部分组成），即可确定现今连通孔隙中真实的压力环境是否超压（孔隙内游离气体的气相压力远高于静水柱压力，即为超压）。

（二）吸附势理论

吸附势理论从本质上来说是一种描述吸附机理的理论[170]，并没有相对具体的吸附方程，关键是依据该理论建立吸附特性曲线，进而得到不同温度和压力下的吸附量，即获取吸附空间和吸附势是根本前提。

本节利用吸附势理论，主要研究煤层气或煤系页岩气在地层抬升过程中的损失，进一步为恢复煤储层或煤系页岩储层含气量演化史提供方法支撑和理论指导。

由兰氏方程表达某一吸附等温线：

$$V = \frac{V_L p}{p_L + p} \tag{4.17}$$

式中，V 为吸附量，即单位质量储层在压力 p 时的吸附气体积，cm^3/g；V_L 为兰氏体积，cm^3/g；p 为压力，MPa；p_L 为兰氏压力，MPa。

由吸附势理论建立的吸附势与压力的关系为：

$$\varepsilon = \int_{p_i}^{p_0} \frac{RT}{p} dp = RT \ln \frac{p_0}{p_i} \tag{4.18}$$

式中，p 为吸附平衡压力，MPa；ε 为吸附势，J/mol；p_0 为甲烷虚拟饱和蒸气压力，MPa；p_i 为理想气体在一定温度下的平衡压力，MPa；R 为普适气体常数，取值为 8.314J/(mol·K)；T 为热力学温度，K。

储层中处于吸附态甲烷的温度已经高于临界温度，因此不再使用临界条件下的饱和蒸汽压力。本节采用 Dubinin 提出的超临界条件下虚拟饱和蒸气压力的经验计算公式[171]：

$$p_0 = p_c \left(\frac{T}{T_c}\right)^2 \tag{4.19}$$

式中，p_c 为甲烷的临界压力，取值为 4.62MPa；T_c 为甲烷的临界温度，取值为 190.6K。

在一定温度和压力下，储层表面为甲烷吸附提供的场所称为吸附空间，由式（4.20）进行计算：

$$w = V_{ad} \frac{M}{\rho_{ad}} \tag{4.20}$$

式中，w 为吸附空间，cm^3/g；V_{ad} 为绝对吸附量，mol/g；M 为甲烷摩尔质量，g/mol；ρ_{ad} 为吸附相密度，g/cm^3，由如下经验公式计算：

$$\rho_{ad} = \frac{8p_c}{RT_c} \tag{4.21}$$

式中，R 为普适气体常数，在该式的取值为 8.205$cm^3 \cdot MPa/(mol \cdot K)$。

需要注意的是在利用式（4.21）对吸附空间进行计算时，须将标准状态下的甲烷吸附量变换为摩尔体积。

由式（4.18）、式（4.19）、式（4.20）和式（4.21）联合建立吸附势和吸附空间的对应关系，进一步得到吸附特性曲线。曲线的具体表达式利用三阶多项式拟合而得到：

$$\varepsilon = a + bw + cw^2 + dw^3 \tag{4.22}$$

式中，a、b、c、d 皆为常数，通过吸附空间及吸附势与数据拟合得到。只要通过煤储层或煤系页岩储层的等温吸附实验获得一组实验数据，便可通过该方程得到任何温度、压力下煤储层或煤系页岩储层对甲烷的绝对吸附量。

第二节　参数测试

一、吸附能力测试

煤层气以三种状态赋存于煤储层中，分别为吸附气、游离气和溶解气，以吸附气为主。温度、压力以及煤变质程度等因素共同影响着吸附气量，但煤变质程度（即 R_o 值）在地质历史演化过程中并不是一成不变的常量，而是一个动态变化的变量。因此，为恢复煤层的含气量演化史，必须采集 R_o 值不同的煤样进行等温吸附实验，并根据吸附势理论计算煤储层不同压力和温度下的理论吸附量，结合煤层埋藏史和热史，绘制含气量变化曲线，恢复煤储层的含气量演化史。

（一）煤样采集与样品制备

1. 煤样采集

本实验煤样采自大同永定庄矿、柳林沙曲矿、晋城赵庄矿、晋城寺河矿、洛阳新义矿、鹤壁四矿、焦作赵固二矿、焦作中马村矿 8 个矿井，具体的煤样特征见表 4.1。

表 4.1　煤样特征信息

样品来源	采样煤层	$R_{o,max}/\%$	工业分析		
			$M_{ad}/\%$	$A_{ad}/\%$	$V_{ad}//\%$
大同永定庄矿		0.7	7.25	14.66	31.07
柳林沙曲矿	3# 煤层	1.3	0.47	11.12	26.59
晋城赵庄矿		3.5	0.42	8.58	12.73
晋城寺河矿		4.13	1.32	7.80	13.39
洛阳新义矿		1.9	0.57	16.44	12.17
鹤壁四矿	$二_1$ 煤层	2.0	0.72	18.59	12.60
焦作赵固二矿		2.5	1.93	21.92	5.65
焦作中马村矿		4.2	0.43	9.64	8.28

2. 样品制备

利用破煤机和标准筛将煤样制作为 60～80 目的煤粉样品，每个矿样品不少于 100g，制好的样品在烘干箱中干燥至恒重，随后装袋、编号、密封备用。

（二）实验设备与实验方法

1. 实验设备

实验采用 ISO-300 型等温吸附仪（图 4.1），可直接测定每个设定压力点的吸附和解吸数据，具有人为操作简单、控制性能好、自动化程度高等优点。

图 4.1　ISO-300 型等温吸附仪

2. 实验方法

将样品依次装入样品缸中，设置油浴温度为30℃，然后向参考缸和样品缸中充入氦气，参照国家标准《煤的高压等温吸附试验方法》（GB/T 19560—2008）进行自由体积测试。测试结束后，利用测试气体（甲烷）清洗管道，设置最高压力为12MPa，分6个压力点进行打压，每个压力点间隔8h待吸附平衡，达到最高压力后平衡12h，最终根据实验数据得到等温吸附曲线。

（三）实验结果与讨论

等温吸附曲线是煤对气体吸附能力的重要体现，在温度恒定的情况下煤对气体的吸附量随压力的增加而增加，直至达到吸附平衡。通过对样品进行等温吸附实验，并根据朗缪尔（Langmuir）方程得到8个样品的等温吸附曲线（图4.2），其兰氏压力和兰氏体积的拟合结果见表4.2所示。

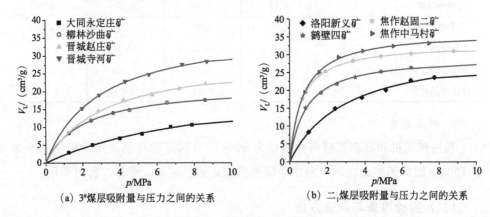

（a）3#煤层吸附量与压力之间的关系　（b）二₁煤层吸附量与压力之间的关系

图 4.2　等温吸附实验结果

表 4.2　等温吸附数据（30℃）

序号	样品名称	$R_{o,max}$/%	V_L/(cm³/g)	p_L/MPa
1	大同永定庄矿	0.7	24.09	9.74
2	柳林沙曲矿	1.3	21.83	2.04
3	晋城赵庄矿	3.46	30.05	3.14
4	晋城寺河矿	4.13	37.91	2.89
5	洛阳新义矿	1.9	32.76	3.02
6	鹤壁四矿	2	29.61	0.86
7	焦作赵固二矿	2.5	33.11	0.6
8	焦作中马村矿	4.2	36.66	0.71

由图 4.2 可知，具有不同 R_o 值的煤样展现出了不同的吸附特性，无论是 $3^\#$ 煤层还是二$_1$ 煤层，镜质组反射率越高吸附量越大。样品 R_o 值的不同会对其吸附能力产生较大影响，在模拟煤储层含气量的过程中，R_o 值是在不断变化的，因此只考虑单一 R_o 值下的含气量演化史并不准确。

二、古温度测试

在对地质历史演化期间古压力、古温度的研究中，研究对象通常为岩石样品中的流体包裹体。包裹体是指形成于矿物结晶过程中并保存至今，由一相或多相物质组成、与主矿物存在相界限的封闭系统。流体包裹体包含了成岩成矿的物理化学信息，通过测定其均一温度、盐度等参数，可以了解烃源岩生烃史、埋藏史、油气充注期次、古压力演化等一系列地质过程。煤储层纳米级微孔超压环境的形成与其孔隙内流体的生成和充注历史息息相关，因此本节对焦作赵固二矿、焦作中马村矿、晋城寺河矿、晋城赵庄矿等矿区的流体包裹体进行分析，力图恢复其孔隙压力演化史。

（一）测试样品

1. 野外样品采集和室内样品加工

包裹体产状特征研究的首要工作就是岩样采集。矿区主采煤层及其顶板砂岩为沉积岩，采集样品的主要方式为在底抽巷或顶抽巷钻进的同时，对煤岩进行取芯，取样过程中记录井深、层位以及岩性。本次实验岩样采自于焦作赵固二矿、焦作中马村矿、晋城寺河矿和晋城赵庄矿煤层顶板。具体岩样信息见表 4.3。

表 4.3　岩样采集信息表

矿区	层位	采集岩层	井深/m	岩性	岩样图
焦作赵固二矿	P_1s	二$_1$ 煤层顶板	674	中砂岩	
焦作中马村矿	P_1s	二$_1$ 煤层顶板	477	中砂岩	

续表

矿区	层位	采集岩层	井深/m	岩性	岩样图
晋城寺河矿	P_{1s}	3#煤层顶板	447	泥质粉砂岩	
晋城赵庄矿	P_{1s}	3#煤层顶板	829	细砂岩	

2. 室内样品加工

首先是用记号笔将岩样按矿区进行标记,在岩样表面对需要切制的薄片面进行标记,随后将岩样切至薄片,厚度为0.5～1mm。首次切制的薄片进行磨平与抛光,并将薄片平放至玻璃片中央进行粘贴,在玻璃片上标记矿区和层位,方便后续实验。本次实验所用包裹体片由河北区调研究所实验室磨制。

(二) 测试原理及设备

1. 测试原理

均一法测试原理:选取拥有气液两相的包裹体,且相界面清晰、尺寸合适。利用热台加热包裹体由两相至均一相,此过程使包裹体恢复至形成时的相态,而达到这一相态的瞬时温度为均一温度。

2. 测试设备

本次流体包裹体显微测温使用的仪器为英国Linkam公司生产的THMSG600型冷热台,其可直接观察在加热或冷冻过程中包裹体相态的连续变化。冷热台的温控范围为－196～600℃,仪器精度0.1℃,升/降温速率一般为10℃/min;样品室直径为22mm,可以充入保护性气体或环境气体,见图4.3。

包裹体产状特征研究所用实验仪器是由德国徕卡仪器有限公司生产的Leica DM4B (11-888-858) 正置光学显微镜 (图4.4),其可以观察具有偏光特性或荧光特性的物质,具备透反射单偏光和正交偏光以及透射光下的追光观察功能。

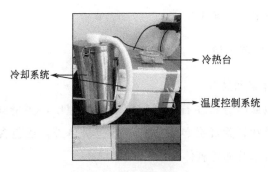

图 4.3　冷热台

图 4.4　徕卡显微镜

3. 实验步骤

（1）观察包裹体产状特征

① 包裹体的大小：在观察时应该对包裹体的尺寸进行标注，单位为 μm，含烃盐水包裹体的大小存在很大差异，至少要在两个方向上标注尺寸。

② 包裹体的形状：含烃盐水包裹体形状各异，需要注意圆形、三角形以及椭圆形包裹体。

③ 气泡大小：应该在一定温度下测量气泡的直径，方便在随后的加热或冷冻实验中观察气泡的变化。

④ 包裹体的产状：包裹体的产状对于包裹体的研究具有重要意义。包裹体的赋存位置、处于何种显微构造、包裹体形成个数等可以用来判断包裹体的形成期次、成因类型以及成分类型。

（2）测试均一温度

将包裹体薄片放入热台，调整显微镜寻找待测试包裹体，确保画面清晰、相界限明显。随后开始升温，升温速率控制为 $3\sim10℃/min$。当包裹体快达到均一相时，降低升温速率至 $2℃/min$ 以下，聚焦显微镜，仔细观察气相或液相消失时的温度，此刻温度为均一温度，随后冷却至室温使之再次出现相界限。重复以上操作 3 次以上，计算平均数。

（三）实验结果与讨论

1. 流体包裹体岩相特征

样品中流体包裹体分布在石英颗粒内部或裂隙中，多呈圆状、椭圆状、条带状以及不规则形状，除烃类包裹体和液体包裹体外，还包含有烃类盐水包裹体、黑色沥青物质以及油包裹体。

如图 4.5 所示，依据显微镜下观察包裹体的成岩序列、荧光特征及分布位置，根据山西组二$_1$煤层顶板细砂岩和中砂岩的包裹体分布位置及穿插关系，初步认为其流体包裹体分两期形成。第一期分布于石英颗粒和碎屑之中，包裹体主要为椭圆状和束状的液体包裹体、气体包裹体以及透射光下呈现褐色、深褐色的油包裹体和紫外荧光激发下呈现蓝色的气态烃包裹体，分布形式为成群分布的孤立分布；第二期主要分布于石英颗粒和碎屑的愈合裂缝中，包裹体主要为带状及束状的液体包裹体和气体包裹体，透射光下呈现为灰色，分布形式为成带分布。根据山西组 3$^\#$煤层顶板细砂岩和泥质粉砂岩的包裹体分布位置和穿插关系，初步认为其流体包裹体至少分两期形成：第一期分布于石英颗粒和次生加大边之中，包裹体主要为带状、椭圆状以及不规则形状的液体包裹体和气体包裹体、透射光下呈现褐色的油包裹体及紫外荧光激发下呈现绿色的气态烃包裹体，同时颗粒内部含有黑色的沥青物质，分布形式为成群分布和孤立状分布；第二期主要分布于石英碎屑愈合裂缝之中，包裹体主要为椭圆状、透射光下呈现灰色的液体包裹体和气体包裹体，分布形式主要为沿裂隙成带分布。

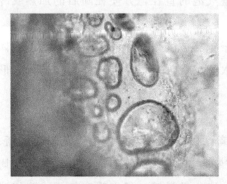 

(a) 石英颗粒次生加大边，液体包裹体成群分布，原生包裹体，透射光，ZG样品   (b) 石英碎屑内部，褐色油包裹体成孤立状分布，原生包裹体，透射光，ZG样品

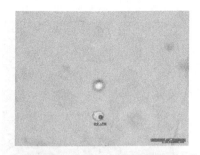

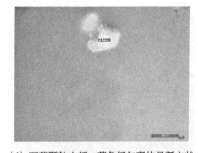

（c）石英颗粒内部，液-固两相包裹体呈孤立状分布，原生包裹体，透射光，ZG样品

（d）石英颗粒内部，蓝色烃包裹体呈孤立状分布，原生包裹体，荧光，ZG样品

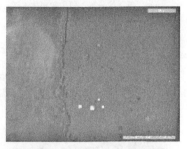

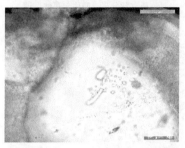

（e）石英颗粒内部，绿色烃包裹体呈孤立状分布，原生包裹体，荧光，ZZ样品

（f）石英颗粒内部、沿愈合裂缝，液体包裹体呈群状和带状分布，原生包裹体和次生包裹体，透射光，ZZ样品

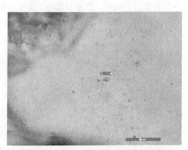

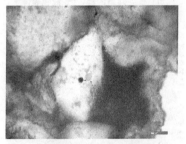

（g）石英碎屑内部，气-液两相包裹体呈群状分布，原生包裹体，透射光，ZZ样品

（h）石英颗粒内部，褐色油包裹体和黑色沥青物质呈孤立状分布，原生包裹体，透射光，ZZ样品

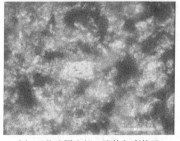

（i）石英碎屑内部，液体包裹体呈孤立状分布，原生包裹体，透射光，SH样品

（j）石英碎屑内部，液体包裹体呈孤立状分布，原生包裹体，透射光，SH样品

图 4.5

（k）石英颗粒内部，液体包裹体呈
孤立状分布，原生包裹体，透
射光，SH样品

（l）石英碎屑内部，气-液包裹体成
孤立状分布，原生包裹体，透
射光，SH样品

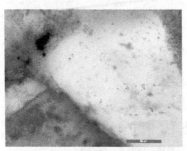

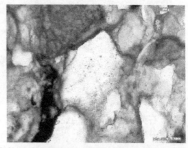

（m）石英碎屑内部，气-液包裹体
呈群状分布，原生包裹体，透
射光，ZM样品

（n）石英碎屑内部、沿愈合裂缝，液体包裹体
呈群状分布，原生包裹体和次生包裹体，
透射光，ZM样品

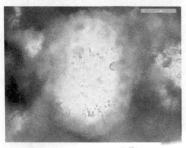

（o）石英颗粒内部，褐色油包裹体和液体
包裹体呈孤立状分布，原生包裹体，
透射光，ZM样品

（p）石英颗粒内部，蓝色烃包裹体成
孤立状分布，原生包裹体，荧光，
ZM样品

图 4.5　3#煤层和二₁煤层流体包裹体岩相特征（见书后彩图）

2. 包裹体均一温度

包裹体均一温度是指包裹体内部物质由气液两相转变为均匀单一相时的温度。其中烃类包裹体由于存在甲烷，在温度升高过程中氢原子容易散失，造成包裹体成分的改变，最终导致所测得的均一温度与实际捕获流体时的均一温度产生偏差。选择与烃类包裹体同期伴生的盐水包裹体进行均一温度测试，此温

度不仅可以作为古温度的近似值，还可以作为包裹体形成期次的划分依据。盐水包裹体分幕依据有两点原则：一是具有相同产状和相似气液比的流体包裹体组合；二是相似产状和相似气液比包裹体内部均一温度大致按 15℃ 间隔分幕。因此，与烃类包裹体共生的盐水包裹体能够提供自生矿物结晶时古地层流体的温度，利用流体包裹体测试均一温度时，通常采用的都是盐水包裹体。

山西组 3# 煤层和二₁ 煤层顶板的流体包裹体类型主要为液体包裹体和气态烃包裹体，本次测温选取与烃包裹体相伴生的液体包裹体和分布石英颗粒、碎屑愈合裂缝中的次生液体包裹体，累计样品 56 个，测温流程参照《沉积盆地流体包裹体显微测温方法》（SY/T 6010—2011），具体的包裹体测温数据见表 4.4。

表 4.4 包裹体均一温度测试数据

地区	样品	层位	测温个数	分布形态	大小/($\mu m \times \mu m$)	气液比/%	均一温度/℃
晋城寺河矿	泥质粉砂岩	山西组 3# 煤层	9	孤立状分布	7×9	≤13.5	127
				孤立状分布	5×18	≤13.5	148
				孤立状分布	8×9	≤13.5	165
				孤立状分布	6×14	≤13.5	127
				孤立状分布	5×9	≤13.5	177.9
				孤立状分布	6×9	≤13.5	156
				成带分布	6×10	≤13.5	153.3
				成带分布	15×10	≤13.5	174
				成带分布	13×9	≤13.5	135
焦作赵固二矿	粗砂岩	山西组二₁煤层	15	孤立状分布	5×8	≤13.5	111.5
				孤立状分布	9×9	≤13.5	115.8
				孤立状分布	4×12	≤13.5	119.6
				孤立状分布	6×9	≤13.5	113.7
				孤立状分布	15×9	≤13.5	158
				孤立状分布	4×5	≤13.5	114.5
				孤立状分布	4×6	≤13.5	123.5
				孤立状分布	8×9	≤13.5	135.3
				孤立状分布	7×9	≤13.5	100.3
				孤立状分布	15×10	≤13.5	323

续表

地区	样品	层位	测温个数	分布形态	大小/(μm×μm)	气液比/%	均一温度/℃
焦作中马村矿	粗砂岩	山西组二₁煤层	15	孤立状分布	18×9	≤13.5	107.7
				孤立状分布	23×10	≤13.5	125.2
				孤立状分布	4×5	≤13.5	123.8
				孤立状分布	4×6	≤13.5	254.6
				孤立状分布	9×6	≤13.5	263
	细砂岩	山西组二₁煤层	15	成带分布	5×6	≤13.5	120.5
				成带分布	3×12	≤13.5	138.7
				成群分布	5×8	≤13.5	160.3
				成群分布	4×10	≤13.5	187.6
				孤立状分布	2×8	≤13.5	140.1
				孤立状分布	8×9	≤13.5	145.4
				孤立状分布	3×7	≤13.5	149.2
				孤立状分布	15×12	≤13.5	157.7
				孤立状分布	16×9	≤13.5	121.6
				孤立状分布	8×13	≤13.5	132.7
				孤立状分布	2×11	≤13.5	145.1
				孤立状分布	3×6	≤13.5	263
				孤立状分布	5×9	≤13.5	370
				孤立状分布	9×12	≤13.5	143
				成群分布	13×14	≤13.5	180
晋城赵庄矿	细砂岩	山西组3#煤层	17	孤立状分布	15×10	≤13.5	104.3
				孤立状分布	9×7	≤13.5	127.6
				孤立状分布	8×6	≤13.5	234
				孤立状分布	4×7	≤13.5	97.6
				孤立状分布	4×9	≤13.5	103.1
				孤立状分布	15×10	≤13.5	105.2
				孤立状分布	19×10	≤13.5	119.6
				孤立状分布	23×5	≤13.5	212.6
				孤立状分布	9×8	≤13.5	305.7
				孤立状分布	6×5	≤13.5	190
				孤立状分布	4×9	≤13.5	135.8
				孤立状分布	8×6	≤13.5	287
				成群分布	7×15	≤13.5	160.7
				成群分布	9×6	≤13.5	141
				成群分布	6×8	≤13.5	250
				成群分布	15×6	≤13.5	198.1
				孤立状分布	19×8	≤13.5	227.4

晋城矿区 26 个流体包裹体测试结果为，包裹体均一温度分布在 90～310℃ 范围之间［图 4.6(a)］，均一温度的分布并不连续，代表煤岩生烃过程中可能存在中断，煤化作用发生过停滞。均一温度出现两个峰值区间，对应两期包裹体，分布在两个温度段，第一段峰值区间是 100～150℃，第二段峰值区间是 210～250℃。

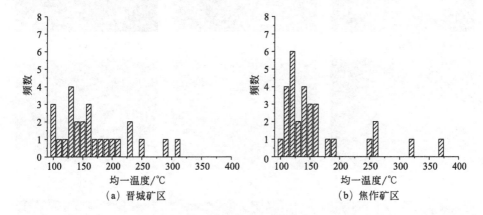

图 4.6　晋城矿区和焦作矿区包裹体均一温度测试结果

焦作矿区 30 个流体包裹体测试结果为，包裹体均一温度分布在 90～370℃ 范围之间［图 4.6(b)］，均一温度的分布同样不连续，代表煤岩生烃过程中可能存在中断，煤化作用发生停滞。均一温度出现两个峰值区间，对应两期包裹体，分布在两个温度段，第一段峰值区间是 100～150℃，第二段峰值区间是 240～280℃。

三、古压力测试

由于本书主要研究的是气藏中的包裹体，其中大量存在含烃盐水包裹体，因此将利用含烃盐水包裹体的特性获取古压力（捕获压力）。

（一）含烃盐水包裹体特征

含烃盐水包裹体主要由气态烃和盐水组成，在实际观察中与盐水包裹体具有不同之处。在正常透射光下含烃盐水包裹体呈现灰色或者深灰色（图 4.7），包裹体中心与边缘厚度不一。光下表现为中心颜色较边缘颜色浅或中心亮度高于边缘；在紫外荧光照射下不显示荧光或微弱荧光，这是由于烃类组分总体占比较小而不被激发。在晋城矿区和焦作矿区的包裹体特征观察中发现含烃盐水包裹体大量存在。

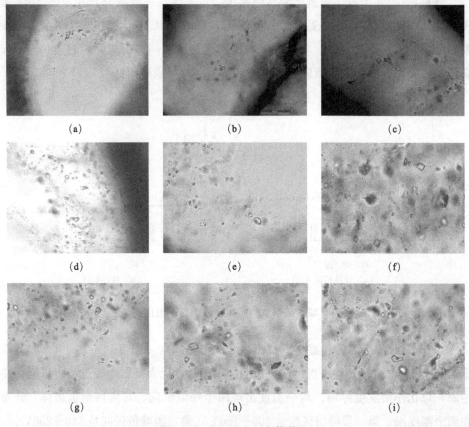

图 4.7　含烃盐水包裹体特征

（二）利用含烃盐水包裹体获取古压力的方法

　　获取烃类包裹体捕获压力一般通过 PVTsim 软件（图 4.8），使用方法主要有两种：①采用石油包裹体等容线与同期盐水包裹体均一温度，或者石油包裹体等容线与同期盐水包裹体等容线相交法求包裹体的捕获压力（图 4.9）；②利用 PVTsim 软件设定烃类包裹体的组成部分，通过不断地迭代计算使得初始设定的烃类包裹体组成与室温下测定的烃类包裹体气液比相匹配，随后结合实验得到均一温度，利用软件中的 "Flash" 模块模拟得到烃类包裹体的捕获压力。以上两种方法在生油盆地的古压力恢复中取得了良好的应用[172-174]，但是应用到非常规天然气藏中存在一定的限制。这是因为：首先在一些高成熟的非常规天然气藏中，大部分情况下缺乏气液两相石油包裹体，烃类包裹体和盐水包裹体等容线相交法就受到了限制；其次，P-T 相演化图的建立需要煤层气组分的精确测定，难度较大，另外在利用已知的天然气组分进行 P-T 相演化过程中发现，均一相线的最大温度并不高，而本节涉及的矿区均经历过异常热事件，因此该方法并不能准确判断流体包裹体的捕获压力。

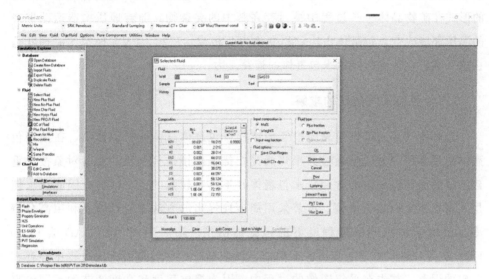

图 4.8　PVTsim 数值模拟软件使用界面

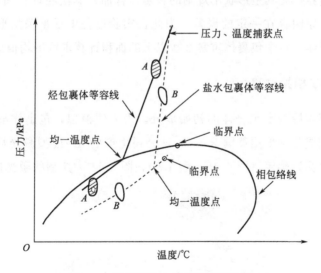

图 4.9　烃类及盐水包裹体相演化图

为确定非常规天然气藏流体包裹体的捕获压力，有学者提出利用含烃盐水包裹体冰点温度和总体积不变进行模拟，但是包裹体在冷冻过程中存在亚稳态现象，同时在利用体积恒定这一特性进行模拟发现气态烃类的溶解度高达 15%～20%，这一现象显然与实际情况不符。

基于上述情况，本节采用张俊武提出的 PVT 模拟新方法[175]，该方法利用实验室测定的包裹体均一温度和气液比进行 PVT 模拟。流体包裹体是以均一相的形式在矿物晶体生长过程中被封存在其中的夹杂物，随着地质构造运动带来的温压环境改变，包裹体由均一相变化为两相或均三相，PVT 模拟的原理就是在这一基础上得到含烃盐水包裹体的捕获压力。

（三）包裹体气液比的求解

包裹体气液比是指包裹体中气相体积占包裹体总体积的比值，在油藏包裹体中最常用的方法是通过共聚焦激光扫描显微镜进行扫描，实验对象按层重建三维模型。但是由于含烃盐水包裹体并不具有较强的荧光效应，因此无法使用共聚焦激光扫描显微镜。本节采用周振柱提出的方法进行计算：利用高分辨率显微镜采集不同聚焦程度下的包裹体图像，随后利用 AutoCAD 或 Corel DRAW 等计算气相与包裹体的面积比。在采集图像和计算面积的过程中会存在一定的误差：首先在采集图像的过程中，因为聚焦程度和亮度调节的不同包裹体存在模糊边界，尤其是形状不规则的包裹体样品；其次在计算面积的过程中，由于人为操作原因存在一定的误差。为此在实验过程中尽量采集形状规则、边界清晰的包裹体，每个包裹体重复 3 次以上的面积计算求取平均值以减小误差。

（四）PVT 模拟过程

（1）设定含烃盐水包裹体的初始成分。为方便模拟，包裹体液相组分设置为纯水，气相成分则采用英国 Renishaw 公司生产的 inVia 型激光显微共焦拉曼光谱测试系统测试确定（图 4.10，表 4.5），图 4.11 为典型的激光拉曼图谱。

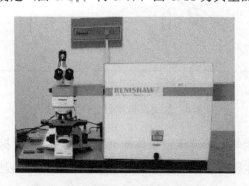

图 4.10　激光显微共焦拉曼光谱系统

表 4.5　研究区储层煤层气组分

组分	摩尔分数/%									
	CH_4	C_2H_6	C_3H_8	$i\text{-}C_4H_{10}$	$n\text{-}C_4H_{10}$	$i\text{-}C_5H_{10}$	$n\text{-}C_5H_{10}$	N_2	CO_2	H_2
晋城矿区	96.14	2.48	0.35	0.03	0.03	0.01	0.01	0.75	0.13	0.05
焦作矿区	95.94	2.58	0.29	0.04	0.04	0.02	0.02	0.83	0.15	0.07
宿南向斜	95.85	2.52	0.32	0.04	0.03	0.01	0.02	0.89	0.11	0.11

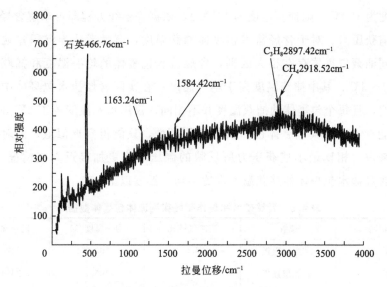

图 4.11　含烃盐水包裹体典型激光拉曼图谱

（2）获取最小捕获压力。在 PVTsim 软件中选择"Flash"选项中的"P-T aqueous"模块，输入包裹体的均一温度，随后不断调整压力值"P"，令模拟结果中的"Vapor"所对应的"Volume%"为零，即在该温度压力下，包裹体中的气液两相均一为液相，此时压力被认为是包裹体的最小捕获压力并设置为初始值，可精确至 0.5MPa，记录此时包裹体的总体积。

（3）选择 PVTsim 软件中 Flash 选项中的"V-T"模块。在该模块中输入上述的包裹体总体积并将温度设置为实验室温度（一般设置为 25℃），将模拟结果中的体积比与室温条件下的气液比（表 4.6）进行比对。若实测气液比与模拟气液比一致或接近一致，则认为包裹体设置的初始成分与包裹体的实际成分相符；若不符合，则调节包裹体的初始成分。调整原则为：先调节气水比例，如果气液比偏大则调低水的含量；若气液比偏小则增加气的含量。值得注意的是，在增加气体含量的时候须按照现今煤层气藏的成分比例，同时增加或减少，即气体组分之间比例应是不变的。

（4）将真实的包裹体成分模拟完成后，在此成分基础上建立等容线方程。在"V-T"模块中继续模拟高于均一温度（0.5～1℃）下压力值，结合之前的最小捕获压力和均一温度，利用两点式建立等容线方程，x 为温度，y 为压力。

（5）将含烃盐水包裹体的捕获温度设置为均一温度（表 4.6）以上 2℃（如均一温度为 100℃，则捕获温度为 102℃），依据等容线方程即可求解含烃盐水包裹体的捕获压力。对于含烃盐水包裹体捕获温度，有学者认为沉积盆地中气藏包裹体同油藏包裹体存在很大区别，含烃盐水包裹体的均一温度和捕获温度之间相差 1～3℃，其中捕获温度高于均一温度；在实际含烃盐水包裹体中存在盐度的影响，且每个包裹体的捕获温度并不相同，仅用均一温度校正 2℃等预设条件并不能真实地反映包裹体被捕获的温压环境，只能得到近似值，但对于气藏包裹体来说，相比最小捕获压力所反映的温压环境更加接近真实情况。因此，本节将含烃盐水包裹体的捕获温度设置为均一温度以上 2℃。

表 4.6　晋城矿区和焦作矿区实测流体包裹体数据

编号	位置	实测气液比	均一温度/℃	现今深度/m
JC-1	3#煤层顶板	6.9	103.1	2828.16
JC-2	3#煤层顶板	7.2	105.2	2884.94
JC-3	3#煤层顶板	8.1	112	3052.63
JC-4	3#煤层顶板	8.8	125	3393.01
JC-5	3#煤层顶板	8.8	123	3353.80
JC-6	3#煤层顶板	9.05	121	3295.42
JC-7	3#煤层顶板	8.3	119.6	3261.45
JC-8	3#煤层顶板	9.1	127	3450.00
JC-9	3#煤层顶板	9.9	130	3527.48
JC-10	3#煤层顶板	11.5	148	4004.64
JC-11	3#煤层顶板	16.5	190	4111.84
JC-12	3#煤层顶板	19	212.6	4126.37
JC-13	3#煤层顶板	17.5	198	3992.36
JC-14	3#煤层顶板	22	234	4198.94
JZ-1	二₁煤层顶板	6.8	100.3	2672.73
JZ-2	二₁煤层顶板	8.18	115.8	3143.87

续表

编号	位置	实测气液比	均一温度/℃	现今深度/m
JZ-3	$二_1$ 煤层顶板	8.1	113.7	3080.27
JZ-4	$二_1$ 煤层顶板	9.1	119.6	3253.91
JZ-5	$二_1$ 煤层顶板	9.7	135.3	3727.57
JZ-6	$二_1$ 煤层顶板	9.81	138.7	3816.42
JZ-7	$二_1$ 煤层顶板	10.01	140.1	3865.98
JZ-8	$二_1$ 煤层顶板	10.2	132.7	3630.77
JZ-9	$二_1$ 煤层顶板	11.98	149.2	2744.68
JZ-10	$二_1$ 煤层顶板	15.3	187.6	2699.64
JZ-11	$二_1$ 煤层顶板	18.1	207	2731.97
JZ-12	$二_1$ 煤层顶板	23.8	254	2722.46

（五）PVT 模拟结果与讨论

PVT 模拟结果见表 4.7。含烃盐水包裹体的捕获压力代表了其形成时的压力环境，但是包裹体内部物质即均一相流体被包裹或充注入裂缝的过程中存在毛管压力，毛管压力的大小取决于孔裂隙大小。从流体包裹体岩相特征可知，流体包裹体长径一般小于 100μm，宽径为 10μm 左右。根据拉普拉斯公式可知，该孔径段所提供的毛管压力为 0.1MPa 左右，相比几十兆帕的地层压力来说可以忽略不计。因此本章将捕获压力直接认定为煤储层的古压力（第二次生烃时储层压力）。

表 4.7　晋城矿区和焦作矿区流体包裹体捕获压力模拟结果

编号	位置	捕获温度/℃	捕获压力/MPa	对应深度/m	压力系数	等容线方程
JC-1	$3^{\#}$ 煤层顶板	105.1	49.21	4921	1.74	$y=-381.731x+3126.02$
JC-2	$3^{\#}$ 煤层顶板	107.2	47.89	4789	1.66	$y=-421.74x+3515.39$
JC-3	$3^{\#}$ 煤层顶板	114	40.6	4060	1.33	$y=-356.8x+3296.07$
JC-4	$3^{\#}$ 煤层顶板	127	63.11	6311	1.86	$y=-281.38x+3107.2$
JC-5	$3^{\#}$ 煤层顶板	125	57.35	5735	1.71	$y=-295.85x+3176.98$
JC-6	$3^{\#}$ 煤层顶板	123	43.17	4317	1.31	$y=-314.69x+3279.62$
JC-7	$3^{\#}$ 煤层顶板	121.6	54.14	5414	1.66	$y=-209x+2276.08$
JC-8	$3^{\#}$ 煤层顶板	129	60.03	6003	1.74	$y=-290.73x+3245.97$

编号	位置	捕获温度 /℃	捕获压力 /MPa	对应深度 /m	压力系数	等容线方程
JC-9	3# 煤层顶板	132	46.21	4621	1.31	$y=-271.89x+3153.8$
JC-10	3# 煤层顶板	174	60.47	6047	1.51	$y=-267.85x+3685$
JC-11	3# 煤层顶板	192	62.5	6250	1.52	$y=-164.58x+3337.9$
JC-12	3# 煤层顶板	214.6	75.1	7510	1.82	$y=-153.85x+3674$
JC-13	3# 煤层顶板	200	62.68	6268	1.57	$y=-152.5x+3295.53$
JC-14	3# 煤层顶板	236	79.36	7936	1.89	$y=-138.33x+3806.95$
JZ-1	二₁煤层顶板	102.3	41.16	4116	1.54	$y=-400.2x+3134.45$
JZ-2	二₁煤层顶板	117.8	48.73	4873	1.55	$y=-206.67x+2177.87$
JZ-3	二₁煤层顶板	115.7	45.28	4528	1.47	$y=-188x+1975.64$
JZ-4	二₁煤层顶板	121.6	37.42	3742	1.15	$y=-209x+2276.08$
JZ-5	二₁煤层顶板	137.3	68.96	6896	1.85	$y=-288.86x+3491.51$
JZ-6	二₁煤层顶板	140.7	76.71	7671	2.01	$y=-279.09x+3505.02$
JZ-7	二₁煤层顶板	142.1	75.0	7500	1.94	$y=-266.67x+3419.37$
JZ-8	二₁煤层顶板	134.7	47.2	4720	1.3	$y=-264.54x+3169.84$
JZ-9	二₁煤层顶板	151.2	51.6	5160	1.88	$y=-282.49x+3900.05$
JZ-10	二₁煤层顶板	189.6	75.86	7586	2.81	$y=-160.7x+3218.26$
JZ-11	二₁煤层顶板	209	73.49	7349	2.69	$y=-149.41x+3439.28$
JZ-12	二₁煤层顶板	256	75.14	7514	2.76	$y=-90x+2893.4$

从表4.7中可以看出，在煤层的生烃阶段出现了超压，尤其是在第二次生烃阶段，煤层发育为超强压。煤层的生烃及变质程度与压力演化存在良好的对应关系，即煤层的充注成藏时间与生排烃时间一致，综合分析可以认为晋城矿区和焦作矿区煤层超压的形成与烃源岩自身的生气作用相互关联。煤储层压力在三维空间中通过流体流动进行传递，因此3#煤层和二₁煤层的超压均是由烃类气体生成和运移造成的，这一过程促使煤储层内部流体体积增大，导致了孔隙压力的升高，最终形成了微孔超压环境。

值得注意的是第二次生烃期间，煤储层的最高压力为79.36MPa。根据埋深与地层破裂压力的关系，当时的煤层破裂压力为83.89MPa，煤储层的最高压力小于当时煤层的破裂压力。因此在地质历史演化过程中，煤储层中的死孔隙没有破裂，仍处于独立的封闭体系。

第三节　死孔隙压力环境分析

一、晋城矿区死孔隙压力环境分析

以晋城矿区的赵庄矿和寺河矿 3# 煤层作为研究对象，根据 3# 煤层的地质资料和相关理论进行其死孔隙压力环境分析。

（一）晋城矿区 3# 煤层的埋藏史、热史及成熟度史

1. 埋藏史

晋城矿区煤储层的生烃过程主要受到埋藏史和热史的影响。晋城矿区 3# 煤层的埋藏史和热史表现出明显的阶段性（图 4.12）。其中埋藏史可划分为 5 个阶段：

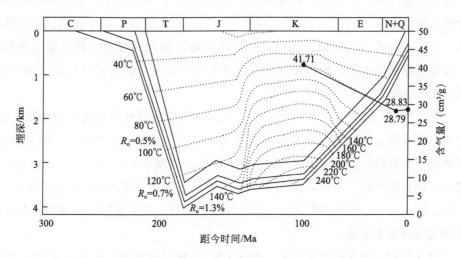

图 4.12　晋城矿区石炭-二叠纪埋藏史、热史及含气量演化图

第 1 阶段：晚石炭纪至早二叠纪末，含煤岩系开始进入缓慢沉降阶段。该阶段内沉降速度均小于 25m/Ma。缓慢的沉降为泥炭沼泽的持续发育提供了条件，得以形成范围分布广泛、具有稳定煤厚、强连续性的煤层。

第 2 阶段：晚二叠纪至三叠纪末，含煤岩系开始快速沉降。晋城矿区 3# 煤层的埋藏深度急剧增加，最大埋深可达到 4100m 以上，这一阶段的沉降速度平均为 85～95m/Ma。

第 3 阶段：三叠纪末至早侏罗纪，含煤岩系开始抬升并遭遇剥蚀。燕山运

动是这一地区发生抬升的主要原因，煤层埋藏深度下降，抬升的最大高度可达 800m。

第 4 阶段：进入中侏罗纪，晋城矿区 3# 煤层再次进入沉降阶段，沉降速度较低，并且低于第一阶段沉降速度，平均沉降速度大致为 16m/Ma。

第 5 阶段：晚侏罗纪至今，晋城矿区 3# 煤层的地层运动以抬升为主，所属的沁水盆地长期处于隆起状态，煤层上覆地层遭受剥蚀，封盖条件被破坏。晚侏罗纪至白垩纪末，为晋城矿区含煤岩系的缓慢抬升阶段，平均抬升速率大致为 8m/Ma；晚白垩纪至新近纪，含煤岩系迅速抬升，平均抬升速率大致为 35m/Ma。

2. 热史及成熟度史

晋城矿区 3# 煤层热演化史及成熟度史可分为三个阶段（图 4.12）：

第 1 阶段：晚石炭纪至中侏罗纪的正常古地温阶段，此时的地温梯度大约为 2～3℃/100m。沁水盆地东南部的太原组与山西组的煤层，在二叠纪末期煤层进入成熟阶段；在三叠纪末期埋深达到最大值，煤层经历第一次大规模生烃，此时反射率为 1.2% 左右。煤层在早侏罗纪进入抬升阶段，煤化作用发生中断；随后煤层再次进入沉降阶段，但这一阶段沉降的最大深度并未超过最大埋深，且地温梯度保持不变，所以煤变质程度并未发生改变，仍然保持最大埋深时的镜质组反射率。

第 2 阶段：晚侏罗纪至白垩纪末，燕山期构造热事件导致沁水盆地处于异常古地温阶段。此时的古地温梯度大约为 4～6℃/100m。虽然在这一时期煤层整体处于抬升阶段，但由于异常热事件的影响，晋城矿区 3# 煤层所处的地温梯度已经远远高于第一阶段，因此煤化作用继续进行，并进入第二次大规模生烃时期。同时这一异常热事件影响了现今煤层的煤级。之后煤层的煤化作用停止，煤级也不再发生变化。

第 3 阶段，进入古近纪以来，晋城矿区 3# 煤层所处的温度为正常古地温状态，地温梯度 2～3℃/100m。煤层在这个阶段内处于隆起剥蚀阶段，虽然在喜山运动期间煤层出现一定程度的沉降，但并未超过第二次大规模生烃时的温度，煤化作用停滞。因此煤层气的保存在这一阶段显得尤为重要。

（二）晋城矿区古温度测试结果

根据晋城矿区古温度测试结果，绘制了图 4.13 以确定晋城矿区的煤层气充注期次。晋城矿区 26 个流体包裹体测试结果为，包裹体均一温度分布在 90～310℃ 范围之间（图 4.13），均一温度的分布并不连续，代表煤岩生烃过程中可能存在中断，煤化作用发生过停滞。均一温度出现两个峰值区间，对应两期包裹体，分布在两个温度段，第一段峰值区间是 $100\sim150℃$，第二段峰值区间是 $210\sim250℃$。

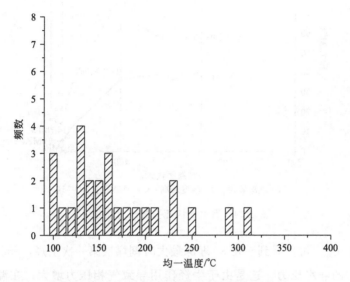

图 4.13　晋城矿区包裹体均一温度测试结果

（三）关键时刻温度和压力的确定

根据上述晋城矿区 $3^{\#}$ 煤层的埋藏史和热史，以确定其在埋藏最深时刻（T 末，第一次生烃）、温度最大时刻（K_1 末）、地质历史时期埋深最浅（N 末，静水压力最小）和现今四个关键时刻的温度及压力（表 4.8）。

表 4.8　晋城矿区 $3^{\#}$ 煤层关键地质时刻温度和压力（静水压力）

关键时刻	温度/℃	压力/MPa
T 末	141	40.8
K_1 末	243	37.74
N 末	30	5.5
现今	35	6.0

（四）死孔隙压力环境分析

根据上述提到的死孔隙压力在不同阶段的获取方法，绘制了晋城矿区 $3^{\#}$ 煤层在关键时刻的死孔隙压力（图 4.14）。

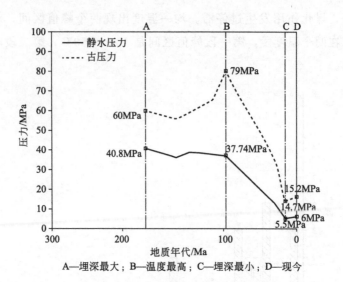

A—埋深最大；B—温度最高；C—埋深最小；D—现今

图 4.14　晋城矿区死孔隙压力演化史

从图 4.14 中可以看到，在 3# 埋深最大时刻煤层第一次生烃，死孔隙压力已经超过当时的静水压力，这是由于生烃作用导致气相压力增大；在温度最高时刻，死孔隙压力值达到了 79MPa，孔隙拥有如此高的压力值是因为二次生烃产生了大量的煤层气，由于高温的影响煤的吸附能力十分有限，因此游离气量的不断增加导致了压力不断升高并最终达到最大值；死孔隙的高压伴随煤储层的抬升开始降低，在抬升过程中，温度不断下降，游离气逐渐开始向吸附气转换，同时游离气的体积因为温度的下降开始缩聚，进一步导致了死孔隙压力的降低，在埋深最浅时刻的压力值为 14.7MPa；随后 3# 煤层再一次沉降，虽然埋深变化不大，但压力依然升高，现今死孔隙压力为 15.2MPa。

二、焦作矿区死孔隙压力环境分析

以焦作矿区的赵固二矿和中马村矿二₁煤层作为研究对象，根据二₁煤层的地质资料和相关理论进行其死孔隙压力环境分析。

（一）焦作矿区二₁煤层的埋藏史、热史及成熟度史

1. 埋藏史

焦作矿区煤层气的生成受埋藏史和热史的控制。焦作矿区二₁煤层的埋藏史和热史具有明显的阶段性（图 4.15）。埋藏史可分为 5 个阶段。

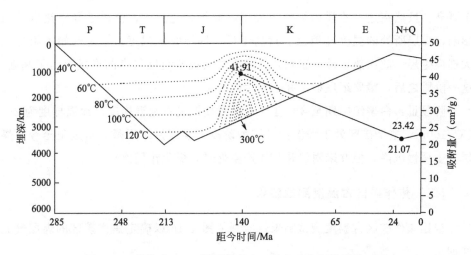

图 4.15　焦作矿区二₁煤层埋藏史、热史及含气量演化过程

第 1 阶段：二叠纪到三叠纪末，为盆地基底缓慢沉降阶段。这一阶段的平均沉降速度一般不超过 51.4m/Ma，煤层埋深不断增大，最大沉降幅度 3700m 左右。较低的沉降速度为形成范围分布广泛、具有稳定煤厚、强连续性提供了条件。

第 2 阶段：早侏罗纪早期，焦作矿区二₁煤层进入抬升阶段，遭遇剥蚀。燕山运动是造成煤层抬升的主要原因，煤层的埋深降低，最大抬升幅度高达 500m。

第 3 阶段：早侏罗纪到中侏罗纪，煤层再次开始缓慢沉降。此次沉降幅度低于第 1 阶段，平均沉降速度大约为 16m/Ma。

第 4 阶段：中侏罗纪至古近纪末期，煤层进入抬升阶段，持续时间长，平均抬升速率约为 19.5m/Ma，煤层及上覆岩层遭遇剥蚀，最大抬升幅度约为 2100m。

第 5 阶段：新近纪至今，该矿区含煤岩系重新进入缓慢沉降阶段，现今焦作二₁煤层埋深可达到 1200m。

2. 热史及成熟度史

焦作矿区的热史及成熟度史可分为三个阶段：

阶段Ⅰ：二叠纪初至早侏罗纪末为正常古地温阶段。在二叠纪末期二₁煤层已经进入成熟阶段；三叠纪末期含煤岩系达到最大埋深，当时温度为 135℃左右，煤层的镜质组反射率可达到 1.2%左右，此时进入第一次生烃高峰期；早侏罗纪煤层经历缓慢抬升，温度下降煤化作用停止；中侏罗纪煤层出现沉降，但此次沉降深度并未达到三叠纪末期的最大埋深，镜质组反射率依然为 1.2%。

阶段Ⅱ：侏罗纪晚期至白垩纪早期，二₁煤层与 3#煤层一样经历了一系列异常热事件，煤层处于异常古地温阶段，此时的古地温梯度可达 6~10℃/100m，其至更高。虽然在这一阶段内煤层正处于不断抬升过程中，但由于异常热事件的影响，煤层所处的温度环境已经远高于最大埋深时的温度，于是开始了第二次大规模生烃。此次热事件的影响，为最终煤层镜质组反射率的形成奠定了基础，这一阶段之后，镜质组反射率并未发生改变。

阶段Ⅲ：白垩纪中期至今，焦作矿区重新恢复古地温梯度，地温梯度为 2～3℃/100m，整个矿区处于缓慢抬升剥蚀阶段，温度持续下降。新近纪至今，煤层发生缓慢沉降，但并未对煤化作用产生促进，煤化作用停止。

（二）焦作矿区古温度测试结果

根据焦作矿区古温度测试结果，绘制了图 4.16 以确定焦作矿区的煤层气充注期次。

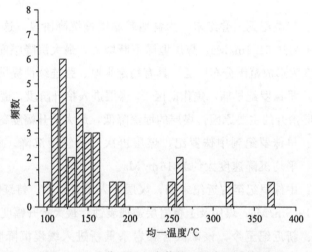

图 4.16　焦作矿区包裹体均一温度测试结果

焦作矿区 43 个流体包裹体统计样品测试结果为，包裹体均一温度分布在 100～270℃范围之间（图 4.16），均一温度的分布同样不连续，代表煤岩生烃过程中可能存在中断，煤化作用发生停滞。均一温度出现两个峰值区间，对应两期包裹体，分布在两个温度段，第一段峰值区间是 100～150℃，第二段峰值区间是 240～280℃。

（三）关键时刻温度和压力的确定

根据上述焦作矿区二₁煤层的埋藏史和热史以确定其在埋藏最深时刻（T

末，第一次生烃）、温度最大时刻（J末）、地质历史时期埋深最小（E末，静水压力最小）和现今四个关键时刻的温度及压力（表4.9）。

表4.9 焦作矿区二$_1$煤层关键地质时刻温度和压力（静水压力）

关键时刻	温度/℃	压力/MPa
T末	135℃	37.3
J末	300℃	27.2
E末	22℃	4.2
现今	25℃	5.3

（四）死孔隙压力环境分析

根据上述提到的死孔隙压力在不同阶段的获取方法，绘制了焦作矿区二$_1$煤层在关键时刻的死孔隙压力（图4.17）。

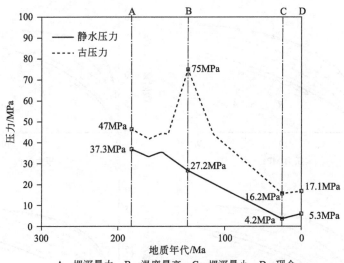

A—埋深最大；B—温度最高；C—埋深最小；D—现今

图4.17 焦作矿区死孔隙压力演化史

从图4.17中可以看到，在二$_1$煤层埋深最大时刻死孔隙压力为47MPa，相比当时的静水压力已经构成了超压环境，与晋城矿区3$^\#$煤层一样，由于煤层的生烃作用导致了气相压力的增加，超过了静水压力；在温度最高时刻，煤层开始大量生烃，由于高温下吸附作用有限，导致游离气量大大增加，造就了当时的高压环境，当时的压力值达到了75MPa；随后煤层进入漫长的抬升期，期间温度和静水压力不断下降，导致游离气向吸附气转化，同时温度降低导致游离气体积减小，造成了死孔隙压力下降，降低至16.2MPa；到现今为止，煤层出现一定程度的沉降且沉降速率较低，但依然使得静水压力由 4.2MPa 升高至 5.3MPa，最终造成死孔隙压力升高至 17.1MPa。

第四节　连通孔隙压力环境分析

一、晋城矿区连通孔隙压力环境分析

（一）聚散史剖面图绘制

根据上述公式和实验数据，建立了晋城矿区 3# 煤层不同温度下的等温吸附线（图 4.18）和不同温度压力下的理论吸附量图（图 4.19），并绘制了含气量聚散史剖面图（图 4.20）。

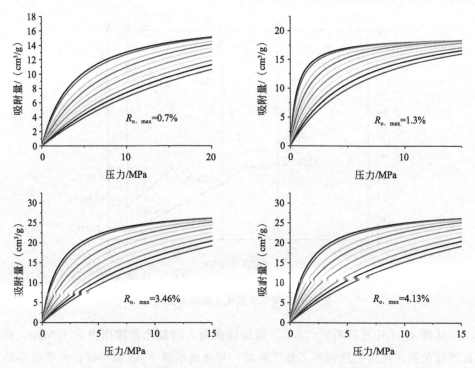

图 4.18　晋城矿区不同温度和煤阶下的吸附等温线
从上到下，温度依次为 20℃、30℃、60℃、80℃、100℃、120℃、140℃、160℃、180℃、200℃

从上图中可以看到煤的最大吸附量与煤阶存在很大关系，煤阶越高，最大吸附量越高。同时，温度会改变煤的吸附能力，由于煤吸附煤层气会放热，因此温度越高吸附能力越差。

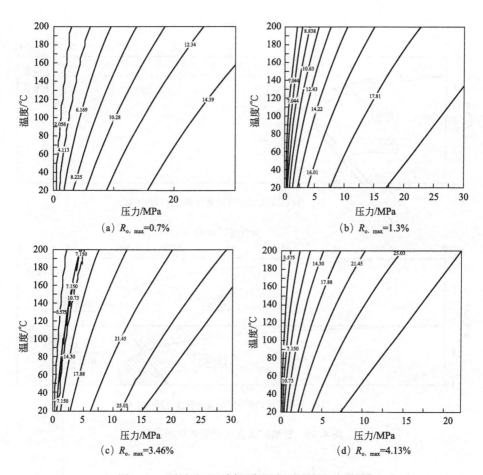

图 4.19　晋城矿区不同温度压力下的理论吸附量

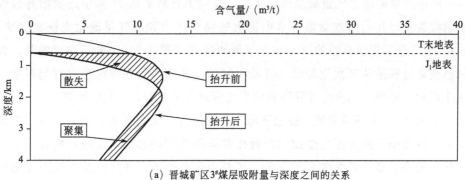

（a）晋城矿区3#煤层吸附量与深度之间的关系

图 4.20

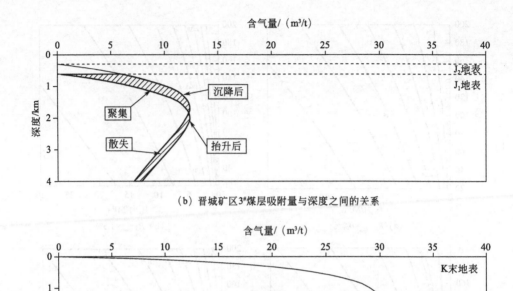

（b）晋城矿区3#煤层吸附量与深度之间的关系

（c）晋城矿区3#煤层吸附量与深度之间的关系

图 4.20　晋城矿区含气量聚散史剖面图

（二）连通孔隙压力环境分析

　　根据晋城矿区含气量聚散史剖面图，确定了晋城矿区 3# 煤层地质抬升过程中的散失量，并运用本章第一节中提出的储层压力和含气量演化史恢复力法，绘制了 3# 煤层连通孔隙的压力和含气量演化史（图 4.21）。值得注意的是，含气量演化过程是从二次生烃结束开始绘制的，其原因是在埋深最大时刻即第一次生烃后，经历了二次生烃导致总的生气量发生了改变，不利于计算。

　　从图 4.21 中不难发现，连通孔隙与死孔隙在压力方面最大的不同是：在煤层抬升过程中，除去温度造成相态转化和体积收缩的影响，连通孔隙发生了煤层气的散失，造成总含气量的下降。正是由于此原因，在埋深最小和现今两个时刻的压力低于死孔隙压力，前者为 6.1MPa，后者为 7.2MPa。

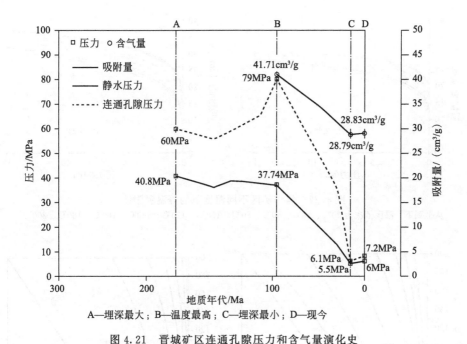

A—埋深最大；B—温度最高；C—埋深最小；D—现今

图 4.21　晋城矿区连通孔隙压力和含气量演化史

二、焦作矿区连通孔隙压力环境分析

(一) 聚散史剖面图绘制

根据上述公式和实验数据，建立了焦作矿区二$_1$煤层不同温度下的等温吸附线（图 4.22）和不同温度压力下的理论吸附量图（图 4.23），并绘制了含气量聚散史剖面图（图 4.24）。

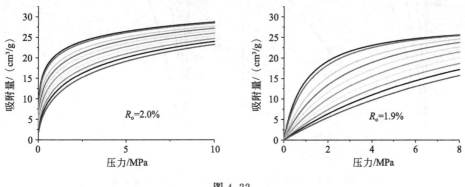

图 4.22

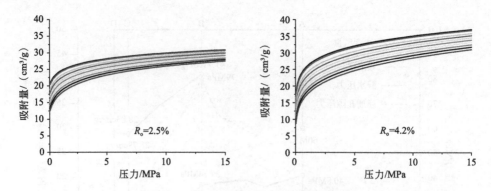

图 4.22 焦作矿区不同温度下的等温吸附线

从上到下，温度依次为 20℃、30℃、60℃、80℃、100℃、120℃、140℃、160℃、180℃、200℃

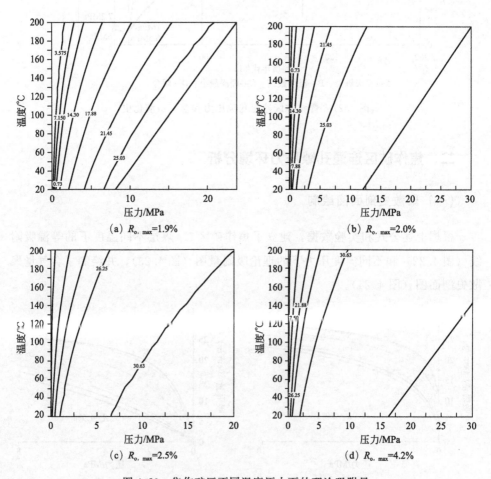

图 4.23 焦作矿区不同温度压力下的理论吸附量

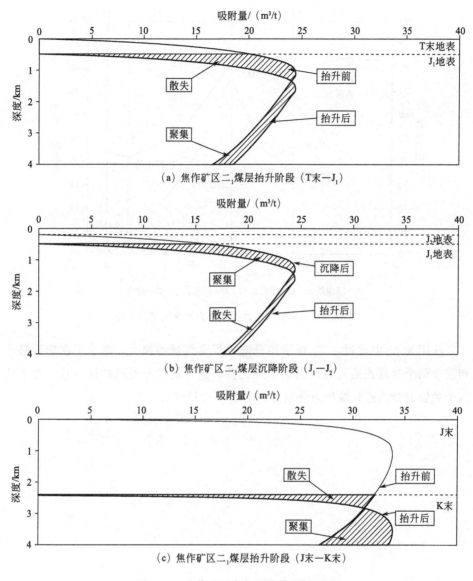

（a）焦作矿区二$_1$煤层抬升阶段（T末—J$_1$）

（b）焦作矿区二$_1$煤层沉降阶段（J$_1$—J$_2$）

（c）焦作矿区二$_1$煤层抬升阶段（J末—K末）

图 4.24　焦作矿区含气量聚散史剖面图

（二）连通孔隙压力环境分析

根据焦作矿区含气量聚散史剖面图，确定了焦作矿区二$_1$煤层地质抬升过程中的散失量，并运用本章第一节中提出的储层压力和含气量演化史恢复方法，绘制了二$_1$煤层连通孔隙的压力和含气量演化史（图 4.25）。

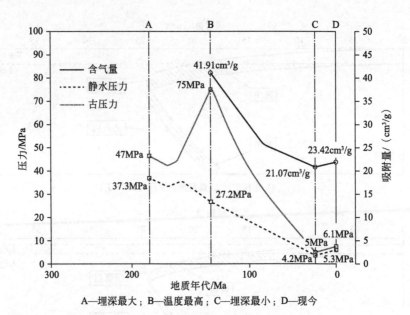

A—埋深最大；B—温度最高；C—埋深最小；D—现今

图 4.25　焦作矿区连通孔隙压力和含气量演化史

从图 4.25 中看到，二₁煤层抬升造成了含气量的损失，造成了在埋深最小和现今两个时刻连通孔隙压力低于死孔隙，这一现象与晋城矿区一致。在上述两个关键时刻连通孔隙压力分别为 5MPa 和 6.1MPa。

第五章
考虑微孔超压环境的煤系气资源量计算方法及应用

煤系气作为一种非常规能源，在现今天然气供需关系严重失衡的背景下，其开发前景非常可观。然而煤系气赋存的温压环境十分复杂，现有方法获得的储层压力并不等同于气相压力，只有对超压环境有了充分的认知，在准确获得气相压力的前提下，才能对煤系气资源量进行准确计算。为此，本章构建了考虑微孔超压环境的含气量计算方法，并对宿南向斜下石盒子组 SN-01 区块的煤系气资源量进行了计算评价。

第一节　考虑微孔超压环境的含气量计算方法

在微孔超压环境下，气相压力等于储层压力和毛管压力之和，且不同孔径段的气相压力也存在很大差别，因此微孔超压环境下含气量计算方法需要结合不同孔径下的毛管压力。

一、微孔超压环境下吸附气量的计算

甲烷吸附于煤系气储层遵循兰氏方程，即甲烷分子在煤系气储层表面均匀吸附，只占据单分子层，且吸附过程与解吸过程同时存在，当两者达到动态平衡时，甲烷分子在煤的表面覆盖程度由 θ 描述。

$$\theta = \frac{V}{V_m} = \frac{ap}{1+ap} \tag{5.1}$$

式中，θ 为表面覆盖度；V_m 为单位质量储层表面吸满单分子层甲烷的体积，即为兰氏体积 V_L，cm^3/g；V 为单位质量储层的甲烷吸附体积，cm^3/g；a 为吸附系数；p 为吸附与脱附动态平衡时的压力，MPa。

将式（5.1）与 Langmuir 方程联立后得到：

$$\theta = \frac{V}{V_m} = \frac{\left(\dfrac{V_L p}{p_L + p}\right)}{V_L} = \frac{p}{p_L + p} = \frac{\dfrac{1}{p_L}p}{1 + \dfrac{1}{p_L}p} \tag{5.2}$$

由式（5.1）和式（5.2）可知，兰氏压力 p_L 代表了煤系气储层对甲烷吸附能力的强弱。

式（5.2）表明，煤系气储层甲烷的吸附量与吸附平衡时的压力有关，因此煤系气储层吸附气量的计算应该考虑微孔超压环境的影响。

通常采用式（5.3）计算吸附气量。

$$n_2 = \frac{\theta S_m}{A_m N_A} = \frac{p}{p_L + p} \times \frac{S_m}{A_m N_A} \tag{5.3}$$

式中，n_2 为单位质量储层吸附气量，mol/g；p 为吸附与脱附动态平衡时的压力，MPa；S_m 为单位质量储层的总比表面积，m^2/g；A_m 为甲烷分子截面积，$17.8 \times 10^{-20} m^2$；N_A 为阿伏伽德罗常数，取 $6.022 \times 10^{23} mol^{-1}$；$p_L$ 为兰氏压力，MPa。

考虑微孔超压环境的影响可以利用式（5.4）进行计算。由于孔径不同毛管压力不同，因此煤系气储层甲烷达到吸附平衡时的压力也不相同。因此微孔超压环境下吸附气量用式（5.5）进行计算。

$$n_2^* = \frac{(p_r + p_c)}{p_L + (p_r + p_c)} \times \frac{S_m}{A_m N_A} = \frac{(p_r + 4\sigma\cos\theta/d)}{p_L + (p_r + 4\sigma\cos\theta/d)} \times \frac{S_m}{A_m N_A} \tag{5.4}$$

$$n_2^* = \frac{1}{A_m N_A} \sum_{i=1}^{n} \frac{(p_r + 4\sigma\cos\theta/d_i) S_i}{p_L + (p_r + 4\sigma\cos\theta/d_i)} \tag{5.5}$$

式中，n_2^* 为考虑毛管压力的单位质量储层的吸附气量，mol/g；p_c 为毛管压力，MPa；d_i 为第 i 级孔隙喉道直径，nm；S_i 为第 i 级孔隙比表面积，cm^3/g；p_r 为储层压力，MPa；σ 为水的表面张力，mN/m。

二、微孔超压环境下游离气的计算

处于微孔超压环境的煤系气储层中游离气相压力并不等于储层压力，因此游离气的含量应该在微孔超压环境的基础上进行计算。

通常采用式（5.6）计算游离气量。

$$n_1 = \frac{p_r V(1-S_w)}{ZRT} \tag{5.6}$$

式中，n_1 为单位质量储层中游离气摩尔量，mol/g；S_w 为含水饱和度，%；R 为普适气体常数，取 $8.314 J/(mol \cdot K)$；p_r 为储层压力，MPa；T 为储层温度，K；V 为单位质量储层的孔隙体积，cm^3/g；Z 为甲烷的压缩因子，其与压力和温度有关，可用式（5.7）进行计算。

$$Z = a_4 p_r^4 + a_3 p_r^3 + a_2 p_r^2 + a_1 p_r + a_0 \tag{5.7}$$

式中，p_r 为对比压力，$p_r = (p + p_c)/4.64$；储层温度为20℃时，多项式系数 $a_4 = -0.00037265$，$a_3 = 0.0047757$，$a_2 = -0.00513234$，$a_1 = -0.08083514$，$a_0 = 0.9997429$。

考虑微孔超压环境后，游离气需要考虑毛管压力，可用式（5.8）进行计算。同时，由于毛管压力大小与孔径相对应，孔隙内的气相压力也就不同，因此，游离气量用式（5.9）进行计算。

$$n_1^* = \frac{(p_r + p_c)V(1 - S_w)}{ZRT} = \frac{(p_r + 4\sigma\cos\theta/d)V(1 - S_w)}{ZRT} \tag{5.8}$$

$$n_1^* = \frac{(1 - S_w)}{RT} \sum_{i=1}^{n} (p_r + 4\sigma\cos\theta/d_i)\frac{V_i}{Z_i} \tag{5.9}$$

式中，n_1^* 为考虑毛管压力的单位质量储层游离气量，mol/g；d_i 为第 i 级孔隙喉道直径，nm；V_i 为单位质量储层第 i 级孔隙体积，cm^3/g；p_c 为毛管压力，MPa；p_r 为储层压力，MPa；Z_i 为第 i 级孔隙内甲烷的压缩因子。

三、微孔超压环境下溶解气的计算

甲烷在水中的溶解度不大，其在水中的溶解度满足亨利定律式（5.10）。

$$c = \frac{\phi p}{H} = \frac{\phi(T_{tr}, p_{tr})p}{H} = \frac{\phi(T/T_{lc}, p/p_{lc})p}{H} \tag{5.10}$$

式中，c 为气体在水中的摩尔分数溶解度，mol/g；ϕ 为气体逸度因子；T_{tr} 为气体的对比温度；p 为系统的压力，MPa；p_{tr} 为气体的对比压力；H 为亨利常数，MPa；p_{lc} 为甲烷气体的临界压力，为 4.64MPa；T_{lc} 为甲烷气体的临界温度，为 190.7K。

甲烷在纯水中的亨利常数如表 5.1 所示。根据 p_{tr} 和 T_{tr}，从物理化学的气体普遍化逸度因子图中可读出气体逸度因子 ϕ。

表 5.1　甲烷在纯水中的亨利常数

温度/℃	20	25	30	35	40
H/MPa	3810	4180	4550	4920	5270

由式（5.10）可知，甲烷在水中的溶解度与系统压力有关，因此煤系气储层中的溶解气应立足于微孔超压环境进行计算。

在计算煤系气储层气溶解气含量时，通常采用式（5.11）计算溶解气量。

$$n_3 = CM_{ad} = \frac{\phi p M_{ad}}{H} \tag{5.11}$$

式中，n_3 为溶解气量，mol/g；M_{ad} 为单位质量储层中的含水量，g/g。

考虑微孔超压环境后，溶解气可以用式（5.12）进行计算。同时，由于不同孔径对应的毛管压力不同，造成不同孔径段内甲烷气体具有不同的溶解度，因此，溶解气量用式（5.13）进行计算。

$$n_3^* = \frac{\phi[T/T_{lc}, (p_r + p_c)/p_{lc}](p_r + p_c)M_{ad}}{H} \tag{5.12}$$

$$n_3^* = \frac{1}{H}\sum_{i=1}^{n}(p_r + 4\sigma\cos\theta/d_i)\phi_i M_{adi} \tag{5.13}$$

式中，n_3^* 为考虑毛管压力的单位质量储层中溶解气量，mol/g；p_c 为毛管压力，MPa；p_r 为储层压力，MPa；d_i 为第 i 级孔隙喉道直径，nm；ϕ_i 为第 i 级孔隙气体逸度因子；M_{adi} 为单位质量储层中第 i 级孔隙中的含水量，g/g。

虽然本节对考虑微孔超压环境的煤系气储层含气量计算方法进行了分析讨论，但其中所需参数的获取仍需要大量工作，这些参数有煤系气储层的孔径分布特征、真实的毛管压力大小、含液率等。

四、微孔超压赋存对含气量估算的影响

煤系气储层纳米级微孔是煤系气储层气的主要赋存场所，微孔超压环境的存在将导致基于常规储层压力计算得到的含气量被低估。为此，本节依据前文中提出的基于微孔超压环境下各相态的含气量计算方法，以晋城矿区赵庄矿和寺河矿 3# 煤层、焦作矿区赵固二矿和中马村矿二₁ 煤层为例对含气量重新进行计算，探讨微孔超压环境对煤储层含气量的影响，并将基于微孔超压环境的含气量计算所需参数进行整理，得到表 5.2。

表 5.2　含气量计算所需参数

地区	煤层	兰氏压力/MPa	接触角/(°)	储层压力/MPa	含水饱和度/%
晋城赵庄矿	3#	3.14	67.25	8.0	0.42
晋城寺河矿	3#	2.89	62.65	4.5	1.32
焦作赵固二矿	二₁	0.6	45.3	6.7	1.93
焦作中马村矿	二₁	0.71	56	4.7	0.43

分别运用微孔超压环境下含气量的计算方法和常规储层压力下的含气量计算方法对晋城矿区赵庄矿和寺河矿 3# 煤层、焦作矿区赵固二矿和中马村矿二₁ 煤层的含气量进行了计算，计算结果见表 5.3。

表 5.3　含气量计算结果

地区	条件	吸附气/(mol/t)	增长量/%	游离气/(mol/t)	增长量/%	溶解气/(mol/t)	增长量/%	含气量/(m³/t)
晋城赵庄矿 3# 煤层	考虑微孔超压	1532.09	59.0	150.63	1.2	0.74	105614.3	37.71
	未考虑微孔超压	963.38		148.85		0.0007		24.91

续表

地区	条件	吸附气 /(mol/t)	增长量 /%	游离气 /(mol/t)	增长量 /%	溶解气 /(mol/t)	增长量 /%	含气量 /(m³/t)
晋城寺河矿 3#煤层	考虑微孔超压	1454.83	41.2	221.75	226.8	2.78	2427.3	37.62
	未考虑微孔超压	1030.56		67.85		0.11		24.61
焦作赵固二矿 二₁煤层	考虑微孔超压	1707.73	50.0	207.3	93.5	8.33	39566.7	43.08
	未考虑微孔超压	1138.33		107.13		0.021		27.90
焦作中马村矿 二₁煤层	考虑微孔超压	1603.8	50.1	313.8	287.7	1.36	33900.0	42.98
	未考虑微孔超压	1068.34		80.93		0.004		25.74

(一) 赋存状态对含气量的影响

在未考虑微孔超压环境之前，晋城赵庄矿 3#煤层煤样的理论含气量为 24.91m³/t，其中游离气含量为 3.33m³/t，约占含气量的 13.38%，吸附气含量为 21.58m³/t，约占含气量的 86.62%，溶解气含量为 0.000016m³/t。考虑微孔超压环境后，煤的含气量为 37.71m³/t，其中游离气含量为 3.37m³/t，约占含气量的 8.95%，吸附气含量为 34.32m³/t，约占含气量的 91.01%，溶解气含量为 0.016576m³/t，约占含气量的 0.04%。分析可知，在通常资源量评估过程中，约 51.36% 的总资源量被低估。

从表 5.3 的计算结果中可以看出，在未考虑微孔超压环境之前，晋城寺河矿 3#煤层煤样的理论含气量为 24.61m³/t，其中游离气含量为 1.52m³/t，约占含气量的 6.18%；吸附气含量为 23.08m³/t，约占含气量的 93.81%；溶解气含量为 0.002464m³/t，约占含气量的 0.01%。考虑微孔超压环境后，煤的含气量为 37.62m³/t，其中游离气含量为 4.97m³/t，约占含气量的 13.20%，吸附气含量为 32.59m³/t，约占含气量的 86.63%；溶解气含量为 0.062272m³/t，约占含气量的 0.17%。分析可知，在通常资源量评估过程中，约 52.87% 的总资源量被低估。

在未考虑微孔超压环境之前，焦作赵固二矿 二₁煤层煤样的理论含气量为 27.90m³/t，其中游离气含量为 2.40m³/t，约占含气量的 8.60%；吸附气含量为 25.50m³/t，约占含气量的 91.40%；溶解气含量为 0.000470m³/t。考虑微孔超压环境后，煤的含气量为 43.08m³/t，其中游离气含量为 4.64m³/t，约占含气量的 10.78%；吸附气含量为 38.25m³/t，约占含气量的 88.79%；溶解气含量为 0.186592m³/t，约占含气量的 0.43%。分析可知，在通常资源量评估过程中，约 54.43% 的总资源量被低估。

在未考虑微孔超压环境之前，焦作中马村矿二$_1$煤层煤样的理论含气量为 25.74m³/t，其中游离气含量为 1.81m³/t，约占含气量的 7.04%；吸附气含量为 23.93m³/t，约占含气量的 92.96%；溶解气含量为 0.000090m³/t。考虑微孔超压环境后，煤的含气量为 42.98m³/t，其中游离气含量为 7.03m³/t，约占含气量的 16.35%；吸附气含量为 35.93m³/t，约占含气量的 83.58%；溶解气含量为 0.030464m³/t，约占含气量的 0.07%。分析可知，在通常资源量评估过程中，约 66.97% 的总资源量被低估。

上述分析表明，考虑微孔超压环境下的吸附气、游离气和溶解气都远高于未考虑微孔超压环境下的含气量，微孔超压环境的存在导致基于常规储层压力计算得到的含气量被低估。无论是考虑微孔超压环境还是未考虑微孔超压环境，吸附气量都占含气量的 80% 以上，是煤储层含气量的主要组成部分。超压环境下的煤储层吸附气量增长率最高可达到 59.0%，对于含气量的贡献率也大幅度增加；游离气量的增长率最高可达到 287.7%，在含气量的贡献中不容忽视；溶解气量的增长率最高成千倍增加，即使对于含气量的贡献微乎其微，但微孔超压环境下的溶解气量仍然具有研究意义。

为什么以往煤层气含量测试并没有测得如此高的含气量呢？为何发生煤与瓦斯突出后折算的吨煤瓦斯涌出量一般在 50m³/t 以上，高的可达 200m³/t？这可能与含气量的测试方法有关，含气量测试只测得了解吸气和残留气，逸散气是根据解吸的初期解吸量与时间呈线性关系计算出来的，但这种关系是否符合实际情况，有待进一步探讨。在揭露煤体后，微孔超压环境得以快速卸压，这时必定携带大量的瓦斯产出，目前对这部分逸出的气体缺乏必要的测试手段。在含气量测试过程中，通常测定的是微孔卸压后进入正常解吸扩散阶段的含气量。煤体破坏越严重，微孔卸压逸出瓦斯的速率就越快，测量的误差就越大。要解决这个问题，就必须采用高压密闭取芯测试，但目前无论是地面煤层气领域还是煤矿井下瓦斯抽采领域，都没有进行此项试验。

（二）孔径分布对含气量的影响

根据计算结果（表 5.3），结合赵庄矿 3# 煤层、寺河矿 3# 煤层、赵固二矿二$_1$煤层和中马村矿二$_1$煤层孔隙的孔径分布规律，分别绘制了吸附气量、游离气量和溶解气量随孔径分布的曲线图及其增长量贡献率柱状图，得到图 5.1。考虑到孔径 2.9nm 以内的碳纳米孔隙中不存在光滑的气水界面，而压汞仪孔隙直径的测定下限为 3nm。因此，分析毛管压力的尺度为 3nm 以上的孔隙。

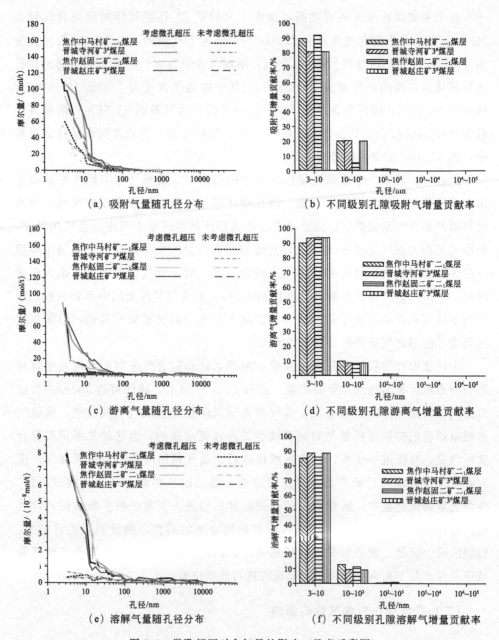

图 5.1　微孔超压对含气量的影响（见书后彩图）

由图 5.1 可知，微孔超压环境对煤层气含量的影响主要表现在微孔阶段，对含气量增量的贡献率为 80% 以上，在孔径为 100～1000nm 阶段，超压环境对于含气量的影响已经很小；大于 1000nm 阶段，超压环境的影响基本不再存在，可以忽略不计。

第二节 宿南向斜煤系气储层特征

目前我国煤层气的开发主要集中于沁水盆地、鄂尔多斯盆地，在其他含煤盆地亦有一定的勘探开发成果。中二叠统下石盒子组在华北地区广泛分布为主要的含煤地层，同时亦发育一定厚度的黑色页岩，具有一定页岩气开发潜力。此次以安徽宿南向斜中二叠统下石盒子为例，对煤系气储层特征进行系统的分析，为准确计算研究区的资源量提供数据支持。

一、储层地质特征

与常规油气储层相比，煤系气的赋存、运移和聚集亦受到地质构造的影响，并对储层岩性、空间展布产生重要的影响。煤系气储层岩石组成相对复杂，其含有大量的有机质。本处从地质特征的角度对研究区煤系气储层进行系统分析论述，为煤系气赋存研究提供依据。

（一）宿南向斜地质背景

宿南向斜位于华北板块南部，为一轴向近南北向的开阔短轴向斜，核部由石炭纪、二叠纪、三叠纪地层组成，南部仰起端形态保存完整，北部仰起端受北西向逆掩断层的影响而残缺不全（图 5.2）。研究区自加里东运动以来，经历了印支期、燕山期、喜山期等多期地质构造的影响。晚石炭纪以来，研究区以区域升降活动为主，连续沉积了晚石炭纪至早三叠纪地层。晚三叠纪开始，华南板块与中朝板块发生碰撞、拼接，在由南向北的挤压应力下，地层抬升，沉积中断，形成东西向的断裂；印支运动后期，华南板块与中朝板块构造作用减弱，区域构造由东西分异转化为南北分异，宿南向斜形成。侏罗纪开始，太平洋板块与欧亚板块东部发生碰撞，在研究区产生剧烈的地质运动，地层快速抬升，并在研究区东部形成北西向西寺坡逆掩断层；燕山运动中后期，拉伸构造活跃，在向斜内形成北北东向的正断层，并伴随强烈的岩浆活动，发生中性岩浆岩的侵入。喜马拉雅运动主要表现为对原有构造的拉展改造作用，构造应力场发生转换，使得向斜南部埋深加大，北部埋深相对较浅。

下石盒子组地层为晚古生代总体海退背景下形成的一套以三角洲平原沉积

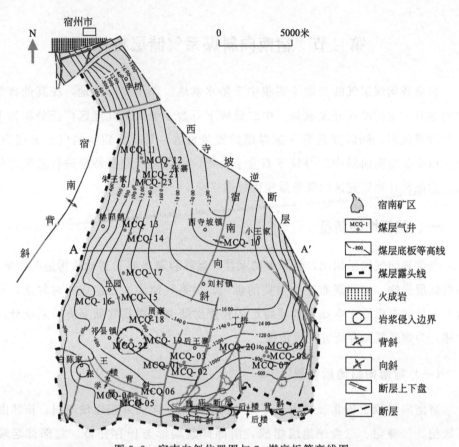

图 5.2 宿南向斜位置图与 7_1 煤底板等高线图

为主的含煤岩系（含 4～9 六组煤），在研究区内广泛分布，埋深在 447～2000m，厚度为 1727～386m，整体表现为北部厚南部薄、核部厚两翼薄的趋势。其主要由浅灰色细砂岩、粉砂岩和灰色、深灰色、灰黑色粉砂质泥岩、泥岩、炭质泥岩以及煤层组成，下伏地层为下二叠统山西组、上覆地层为中二叠统上石盒子组，三者之间连续沉积。下石盒子组内以 6 煤组上部砂岩为界分为上下两部分：上部以灰、深灰色泥岩与灰、灰白色细粒砂岩、粉砂岩呈互层形式出现；偏下部以砂岩为主，含菱铁质鲕粒泥岩及菱铁矿；其底为一层灰白色厚层中粒长石石英砂岩或砂岩（为上下两部分界线），含 4、5 两组煤（煤层发育不稳定）。下部以灰、深灰、灰黑色泥岩、砂质泥岩为主，夹灰、灰白色细砂岩及泥岩中含菱铁鲕粒，含 6、7、8、9 四组煤，为宿南向斜发育最广泛的煤组（图 5.3）。

（二）储层矿物组成

1. TOC

有机质作为成烃的物质基础，同时也是煤系气吸附赋存的主要载体，对煤系气的吸附能力产生重要的影响，因此，有机质丰度成为煤系气储层评价中的一个重要指标。有机碳含量（TOC）常用于衡量有机质丰度，对泥页岩的开发，有机碳含量一般要求高于 1％。

研究区煤系页岩的 TOC 含量分布范围较广，为 0.18％～14.30％，煤层附近泥页岩 TOC 值较高（表 5.4）。岩性上，炭质泥岩的 TOC 最高，泥岩和粉砂质泥岩次之，粉砂岩的 TOC 含量最低。研究区下石盒子组煤层及页岩有机质成熟度 R_o 为 0.86％～0.96％，基本处于热降解气阶段。

2. 矿物组成

下石盒子组页岩中有机质含量变化较大，含量为 0.18％～14.30％；无机矿物主要为石英和黏土矿物，其石英含量为 22.78％～55.87％，黏土矿物含量为 28.9％～76.27％，含有微量的斜长石和菱铁矿，正长石和黄铁矿在个别样品中可见；黏土矿物主要为伊利石（白云母）和高岭石，占黏土矿物含量的 95％以上，

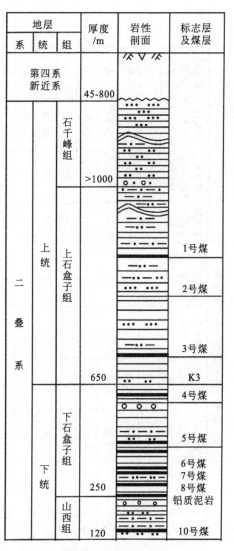

图 5.3　宿南向斜二叠系含煤地层综合柱状图

少量有伊蒙混层，见表 5.4、图 5.4。页岩含有较高的有机质和石英，因此具有较好的生烃潜力、储集能力和可压裂性，可作为煤系气勘探开发的目标。

相较于北美 Barnett 页岩、Marcellus 页岩和 Haynesville 页岩及我国南方海相页岩，研究区下石盒子组煤系页岩组成矿物中，石英和黏土矿物为主要的组成矿物，碳酸盐类矿物几乎不发育，这主要与沉积环境有关，研究区下石盒子组为海陆交互相沉积，而北美及我国南方的页岩为海相沉积。

表 5.4 宿州向斜下石盒子组矿物组成

样品编号	岩性	TOC /%	石英含量 /%	方解石含量 /%	斜长石含量 /%	菱铁矿含量 /%	黄铁矿含量 /%	蒙脱石含量 /%	伊蒙混层含量 /%	伊利石(白云母)含量 /%	高岭石含量 /%	绿泥石含量 /%	伊蒙混层比 /%
1-1	粉砂质泥岩	3.82	55.78	4.81	4.81	1.92	0	0	2.60	0.87	25.39	0	25
1-2	粉砂质泥岩	0.18	41.92	0	2.99	2.99	0	0	7.79	1.04	43.08	0	20
1-3	粉砂质泥岩	0.39	40.84	0	4.98	3.98	0	0	8.96	1.00	39.84	0	30
1-4	粉砂质泥岩	1.72	41.24	0	0	0	0	0	14.31	1.10	39.63	0	20
1-5	粉砂质泥岩	1.29	35.48	0	0	0	0	0.59	13.03	0	45.60	0	25
1-6	粉砂质泥岩	1.65	43.27	0	0	0	0	0	31.39	0	22.58	0	25
1-7	粉砂质泥岩	0.70	32.77	0	0	1.99	2.98	0	17.24	0	41.86	0	15
1-8	泥岩	0.96	22.78	0	0	0	0	0	6.10	0.76	69.40	0	15
1-9	炭质泥岩	14.30	29.14	0	0	0	0	0	6.79	1.13	48.64	0	15
1-10	粉砂质泥岩	1.85	50.06	0	0	2.94	0	0	20.32	1.35	23.48	0	15
1-11	粉砂质泥岩	1.22	36.55	0	0	0	0	0	16.18	1.24	44.81	0	20
1-12	炭质泥岩	13.30	40.5	0	6.94	2.60	0	0	29.86	1.09	5.46	0	15
1-13	泥岩	1.75	25.55	0	0	0	0	0	21.81	1.45	49.44	0	20
1-14	粉砂质泥岩	2.40	32.51	0	0	1.95	0	0	30.45	1.90	31.09	0	20
1-15	炭质泥岩	13.00	33.93	0	13.92	0.87	0	0	26.18	1.03	24.13	0	20
1-16	粉砂质泥岩	0.55	42.70	0	1.25	2.98	0	0	34.61	1.99	3.18	0	15
1-17	粉砂质泥岩	4.09	37.80	1.04	1.25	0	0	0	30.75	2.80	13.98	8.39	30
1-18	炭质泥岩	6.10	47.14	2.56	2.56	3.62	0	0	33.98	0	3.51	1.56	10

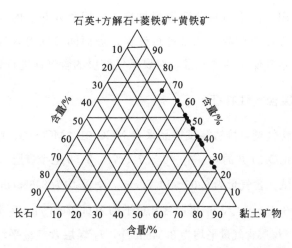

图 5.4　宿州向斜下石盒子组页岩矿物含量三角图

二、储层渗透率特征

储层渗透率是控制煤系气的运移产出的重要因素，渗透率越高，煤系气的可采性就越好，气井潜能越高。研究区煤系气开发尚处于起步阶段，资料相对缺乏，试验注入/压降试井测试获取了部分煤层渗透率数据，但缺乏煤系页岩储层渗透率数据。结果显示，下石盒子组煤层渗透率为 $0.03 \sim 5.0 \text{mD}$，平均为 1.03mD，部分测试结果渗透率低于 0.1mD，整体上煤层渗透率偏低（表 5.5）。

表 5.5　宿南向斜煤层渗透率测试结果

钻　孔	煤　层	渗透率/mD	钻　孔	煤　层	渗透率/mD
MCQ-02	4	5.0	MCQ-21	6_2	0.03
	5_2	0.30		6_3	0.03
	6_2	0.03		7_2	0.03
	7_1	0.70		8	0.02
	7_2	0.70	MCQ-23	4	0.40
MCQ-09	7	3.20		7_2	1.95

注：$1\text{mD} = 10^{-3} \mu\text{m}^2$。

三、储层含气性特征

煤系气含气量是指单位煤系气储层中含有的天然气在标准状况（0℃，101.325kPa）下的体积。其测试方法主要有直接法和间接法。直接法是一种直接有效的含气量测试方法，其主要测试参数为：解吸气量、残余气量和逸散气量。间接法则采用等温吸附法获取吸附气量，采用测井获取的孔隙度、含气饱和度、储层压力等参数对游离气量进行计算，进而间接获得含气量。采用上述测试方法获取煤系气储层的含气量，对煤系气储层的含气性进行评价。

（一）煤储层含气性特征

本次煤储层含气量直接法测试样品采自 MCQ-01、MCQ-05、MCQ-06、MCQ-14、MCQ-15、MCQ-19 井的 6_1、6_2、6_3、7_1、7_2、8、9 七个煤层，共采集 22 个样品进行含气量测试，含气量为 $6.06\sim14.26\text{cm}^3/\text{g}$，平均为 $8.655\text{cm}^3/\text{g}$，其中 6_1 煤层含气量平均为 $8.45\text{cm}^3/\text{g}$，6_0 煤层含气量平均为 $6.57\text{cm}^3/\text{g}$，6_3 煤层含气量平均为 $7.54\text{cm}^3/\text{g}$，7_1 煤层含气量平均为 $8.54\text{cm}^3/\text{g}$，7_2 煤层含气量平均为 $7.90\text{cm}^3/\text{g}$，8 煤层含气量平均为 $10.62\text{cm}^3/\text{g}$，9 煤层含气量平均为 $10.07\text{cm}^3/\text{g}$（表 5.6）。

表 5.6 宿南向斜煤层实测含气量结果

钻井	煤层	解吸气量/cm^3	残余气量/cm^3	逸散气量/cm^3	含气量/(cm^3/g)
MCQ-01	6_1	13206.34	77.68	1504.30	11.67
	7_1	7841.19	0	216.65	8.54
	8	11888.19	22.85	679.82	14.26
	9	11534.16	246.86	346.72	12.22
MCQ-05	7_2	3160.41	16.31	1646.70	6.59
		4478.34	8.17	2579.70	7.97
		4329.52	10.90	1864.80	8.97
MCQ-06	7_2	3815.27	3.67	1357.4	6.21
MCQ-14	7_2	7780	25	657	6.09
		9366	17	1067	7.56
		11933	24	764	10.05
MCQ-15	6_1	8158	21	121	7.61
	8	12560	20	1370	9.70
		11084	18	946	10.73
MCQ-19	6_1	5921	12	401	6.06
	6_2	7004	4	272	6.57
	6_3	9280	21	519	7.54
	7_1	9622	25	533	8.72
	7_2	11306	10	661	10.55
		9406	19	481	7.09
	8	650	8	401	7.80
	9	10185	7	845	7.91

煤储层中孔隙度较低,吸附态和溶解态在煤储层中所占比例很小;由于煤储层具有很强的吸附能力,故吸附气是煤储层含气量的主要组成部分。等温吸附实验作为一种有效的测试方法,可在缺少实测解吸数据的情况下对煤储层含气量进行定性评价。煤储层对煤层气的吸附为物理吸附,现有的研究主要采用 Langmuir 方程进行描述,在实验设备上模拟储层温度,由低到高提高测试压力,并记录不同平衡压力点的吸附气量。测样品采自 MCQ-01 井 6_1、7_2、8 煤层,测试样品 V_L 值为 $12.92 \sim 19.95 cm^3/g$,平均为 $17.02 cm^3/g$;p_L 值为 $2.38 \sim 4.58 MPa$,平均为 $3.32 MPa$。根据获取的 V_L、p_L 值,采用 Langmuir 方程即可获得理论吸附气量,然而理论吸附气量并不能真实表征实际含气量,需要考虑吸附气含气饱和度,即实测含气量与 Langmuir 方程获取的理论吸附气的比值。通过对 MCQ-01 井吸附气含气饱和度的计算,6_1、7_2、8 煤层吸附气含气饱和度分别为 84.32%、96.39%、87.75%,平均为 89.49%(表 5.7)。

表 5.7　宿南向斜煤储层间接法含气量测试结果

钻井	煤层	测试温度/℃	$V_L/(cm^3/g)$	p_L/MPa	储层压力/MPa	理论吸附气量/(cm^3/g)	含气饱和度/%
	6_1		18.18	3.01	9.61	13.84	84.32
MCQ-01	7_1	37.5	12.92	4.58	9.98	8.86	96.39
	8		19.95	2.38	10.45	16.25	87.75

(二) 页岩储层含气性特征

本次煤系页岩储层含气量间接法测试样品分别采自 MCQ-14、MCQ-15 和 MCQ-19 井下石盒子组,共采集 13 个样品进行含气量测试。样品含气量为 $0.08 \sim 1.67 cm^3/g$,平均为 $0.46 cm^3/g$(表 5.8)。页岩气赋存中游离气所占比例较大,在取芯和装样过程中存在大量的气体损失,造成测试结果偏低。

表 5.8　宿南向斜下石盒子组页岩含气量

钻井	样品编号	埋深/m	解吸气量/cm^3	残余气量/cm^3	逸散气量/cm^3	含气量/(cm^3/g)
	页 14-1	1041.77	135	0	13	0.11
	页 14-2	1044.37	756	3	97	0.47
MCQ-14	页 14-3	1070.73	154	0	17	0.11
	页 14-4	1084.15	392	0	28	0.28
	页 14-5	1087.85	446	0	24	0.26

钻井	样品编号	埋深/m	解吸气量 /cm³	残余气量 /cm³	逸散气量 /cm³	含气量 /(cm³/g)
MCQ-15	页 15-1	1009.59	3479	13	102	1.67
	页 15-2	1022.64	2265	7	58	0.76
	页 15-3	1049.10	2741	8	109	1.36
MCQ-19	页 19-1	1108.17	322	0	35	0.12
	页 19-2	1111.30	176	0	29	0.08
	页 19-3	1122.48	386	0	43	0.16
	页 19-4	1141.23	774	4	88	0.40
	页 19-5	1152.18	427	0	69	0.19

等温吸附测试样品采自 MCQ-01 下石盒子组，共采集 15 个样品进行等温吸附测试，测试样品 V_L 值为 $1.26\sim4.57cm^3/g$，平均为 $2.64cm^3/g$；p_L 值为 $0.16\sim2.10MPa$，平均为 $0.54MPa$（表 5.9）。实验测试表明：30℃条件下，研究区下石盒子组页岩最大吸附能力为 $1.26\sim4.57cm^3/g$，对应测试压力为 $0.16\sim2.10MPa$，相较于北美页岩和我国四川盆地海相页岩，下石盒子组页岩吸附能力整体偏低。

现有的研究主要采用 Langmuir 方程和理想状态方程对吸附气及游离气进行表征。相关学者已对研究区的地温、储层压力等进行了相关研究，通过实测或测井可获取页岩的孔隙度和含水饱和度，依据相关计算公式和获取的参数对其含气量进行计算。在吸附气的计算过程中需要考虑吸附气含气饱和度的影响，由于无法获取煤系页岩储层的吸附气含气饱和度，故采用煤层获取的吸附气含气饱和度，取值 89.49%。计算结果显示研究区下石盒子组煤系页岩吸附气含量为 $1.10\sim3.87cm^3/g$，平均为 $2.24cm^3/g$；游离气含气量为 $0.04\sim2.01cm^3/g$，平均为 $1.55cm^3/g$；含气量为 $2.53\sim5.54cm^3/g$，平均为 $3.79cm^3/g$。整体而言，含气性较好（表 5.9）。

表 5.9 宿南向斜页岩间接法含气量测试结果

钻井	样品 编号	埋深 /m	测试 温度/℃	V_L/(cm³/g)	p_L/MPa	吸附气 含量 /(cm³/g)	游离气 含量 /(cm³/g)	含气量 /(cm³/g)
MCQ-01	页 01-1	905.1		1.36	0.19	1.19	1.83	3.02
	页 01-2	906.1	30	2.10	1.23	1.66	1.32	2.98
	页 01-3	941		2.13	0.51	1.81	1.57	3.38

续表

钻井	样品 编号	埋深 /m	测试 温度/℃	V_L/(cm³/g)	p_L/MPa	吸附气 含量 /(cm³/g)	游离气 含量 /(cm³/g)	含气量 /(cm³/g)
MCQ-01	页01-4	942		2.21	0.83	1.82	1.61	3.43
	页01-5	944.2		2.38	0.28	2.07	2.61	4.68
	页01-6	945		1.68	0.20	1.47	1.42	2.89
	页01-7	946		1.97	0.35	1.70	1.35	3.05
	页01-8	946.3		2.61	0.16	2.29	1.72	4.01
	页01-9	984.1	30	4.03	0.27	3.51	1.57	5.08
	页01-10	985.4		1.26	0.19	1.10	1.43	2.53
	页01-11	991.5		3.90	0.29	3.39	1.52	4.91
	页01-12	1001		3.64	2.10	2.70	1.22	3.92
	页01-13	1006		4.57	0.59	3.87	1.67	5.54
	页01-14	1011.7		3.76	0.33	3.26	0.94	4.2
	页01-15	1013		2.00	0.55	1.70	1.50	3.2

四、储层压力特征

储层压力决定了煤系气储集能力和产出速率，为储层评价和资源量计算提供指导参数，现有的储层压力主要由试井获取。中煤科工集团西安研究院、德士古中国分公司、加拿大英发能源分别在研究区内施工多口煤层气勘探参数井，并通过注入/压降试井试验，获取了部分储层的测储层压力数据（表5.10），研究区内煤储层压力以正常压力和欠压为主。相关学者研究表明在盆地的深部存在厚层泥岩，由于泥岩中流体排出受阻，孔隙未能随上覆岩层压力发生有效形变而出现欠压实现象，形成异常高压。在研究区的深部，煤系气储层含有较大厚度的泥岩层，随着埋深的增加，部分储层可能成为高压储层（MCQ-21井8号煤层）。故研究区内980m以浅的煤系气储层以正常压力为主，980m以深的煤系气储层则以超压为主。

表5.10　宿南向斜煤层储层压力测试结果

钻孔	煤层/m	埋深/m	储层压力/MPa	压力梯度/（MPa/hm）
MCQ-01	7₁	949.30	9.96	1.06
	8₂	994.68	10.12	1.03

钻孔	煤层/m	埋深/m	储层压力/MPa	压力梯度/（MPa/hm）
	6_2	934.42	9.34	1.03
MCQ-21	6_3	938.83	9.38	1.00
	7_2	975.50	9.75	1.00
	8	987.20	10.96	1.11
	4	816.00	5.71	0.70
	5_2	893.90	7.69	0.86
MCQ-22	6_2	910.20	7.83	0.86
	7_1	935.20	7.95	0.85
	7_2	941.40	8.00	0.85
MCQ-23	7	648.49	4.14	0.64
MCQ-24	8	616.88	4.80	0.78

五、研究区储层划分及识别

研究区下石盒子组煤系气储层物性特征复杂，不利于对其储层的研究和开发，根据现有的非常规油气资源量计算标准，建立煤系气储层识别标准；根据矿物成分、构造特征和测井响应等对煤系气储层进行划分，并根据其测井响应进行测井识别。

（一）煤系气储层的划分

1. 储层识别标准

研究区下石盒子组地层煤系气资源丰富，煤层、煤系页岩均为良好的煤系气储层，但由于研究区内下石盒子组地层为三角洲平原亚相沉积地层，地层岩性、厚度、TOC、含气量等变化较大，因此并非所有地层均可作为煤系气储层进行开发，故需要根据相关资源量计算标准建立储层识别标准。

根据煤层气、页岩气和致密砂岩气相关资源量计算标准，结合煤系气开发现状，本次储层识别标准如下：

（1）煤系页岩 TOC 大于 1%。

（2）煤层含气量大于 $4m^3/t$，煤系页岩含气量大于 $2m^3/t$。

（3）达到以上 2 个条件的前提下，煤层净厚度大于 0.5m，煤层 20m 内煤系页岩净厚度大于 2m，煤层 20m 内煤系页岩净厚度大于 5m。

（4）砂岩储层含气量大于 $5m^3/t$。

2. 储层识别类型

煤系气储层根据其岩性差异主要分为煤储层和煤系页岩储层两大类，其中煤储层在以往的煤层气研究中已有广泛的研究，在此不做过多的累述；煤系页岩储层为本次储层划分的重点，根据矿物成分、构造特征和测井响应将研究区下石盒子组页岩储层分为泥岩、炭质泥岩、粉砂质泥岩和粉砂岩 4 种主要储层类型（图 5.5）。

图 5.5　MCQ-01 井部分取样岩心图像

注：a—泥岩；b—炭质泥岩；c—粉砂质泥岩；d—粉砂岩；e—泥岩与粉砂岩互层；f—泥岩与粉砂质泥岩互层

（1）泥岩。泥岩呈深灰色、灰黑色，大部分水平层理发育，呈薄板状、片状；部分泥岩与浅色的粉砂岩、粉砂质泥岩薄互层出现，层理面上可见定性排列的云母和植物碎屑。其主要由黏土矿物组成，含量 70% 以上；其次是碎屑石英，含量为 20%～25%；还含少量有机质、方解石、斜长石、菱铁矿和云母，总含量低于 5%。其中黏土矿物主要为高岭石和伊蒙混层，高岭石含量在 50% 以上。

（2）炭质泥岩。炭质泥岩呈灰黑色、黑色，因发育水平层理而成片状、板状。岩石成分复杂，包括黏土矿物、石英、菱铁矿、斜长石等，其中黏土矿物和石英为主要的矿物，含量大于 80%，常含大量生物化石碎片，TOC 含量可达 5% 以上。主要分布于煤层附近，或呈薄层单独发育。

（3）粉砂质泥岩。粉砂质泥岩呈灰色、深灰色，常见水平层理及波状层理，少见小型交错层理，常呈薄层状与其他岩石互层出现。主要由黏土矿物（含量 30%～70%）和粉砂碎屑组成，碎屑物质主要为石英、方解石、斜长石、菱铁矿等，部分层段含有一定的植物碎屑。

（4）粉砂岩。粉粉砂岩呈灰色、灰白色，水平、波状和小型交错层理广泛发育，常呈薄层状与其他岩层互层出现，厚度 3～5m。主要由细砂和粉砂碎屑组成，含量 70％以上，含有少量黏土矿物，碎屑物质主要为石英、方解石、斜长石。

（二）煤系气储层的识别

通过对研究区 MCQ-01 井下石盒子组地层测井资料的分析整理，结合现有的地球物理测井领域的研究结果，以 MCQ-01 井测井资料为依据，建立煤系气储层的测井识别方法，对煤储层和煤系页岩储层进行识别。

（1）煤储层。煤层作为重要的煤系气储层，在煤系气资源量评价中占有重要的地位。煤作为一种有机岩，相较于其他岩层，泥质含量低、孔隙度高、导水性强，且具有明显的"挖掘效应"。煤层储层表现出明显低自然电位、低自然伽马、高电阻、低密度、高声波时差、高中子的测井响应，在测井曲线中可通过"三孔隙度测井"进行快速准确识别。测井数据显示（图 5.6），煤储层密度测井值小于 $1.5g/cm^3$、声波时差测井值大于 $360\mu m/s$、中子测井值为大于 25 PU。

（2）泥岩储层。泥岩储层表现明显的高自然伽马、高自然电位、高密度、高中子、低声波、低电阻率的测井响应。测井数据显示（图 5.6），泥岩储层的伽马测井值大于 100 API、自然电位测井值大于 97mV；测井解释显示，该泥岩泥质含量高、含一定量有机质、孔隙度高，同时各测井曲线出现一定范围的波动，是泥岩与粉砂岩和粉砂质泥岩薄互层的响应。

（3）炭质泥岩储层。炭质泥岩储层测井响应与泥岩储层基本相同，可通过 TOC 测井评价值加以区分。

（4）粉砂质泥岩储层。粉砂质泥岩储层的自然伽马、密度、中子、声波时差、电阻率等测井响应相较于泥岩和粉砂岩表现为"中值"。测井数据显示（图 5.6），其伽马测井值为 70～100 API、自然电位测井值为 93～97mV、中子测井值为 18～28 PU。测井解释结果表明，该储层泥质含量和 TOC 中等、孔隙度较低。

（5）粉砂岩储层。粉砂岩储层测井响应表现出低自然伽马、低自然电位、高密度、低中子、低声波时差、高电阻率的特征。测井数据显示（图 5.6），伽马测井值小于 70 API、自然电位测井值小于 93mV、中子测井值小于 18 PU。测井解释结果表明该储层泥质含量和 TOC 低、孔隙度较高。

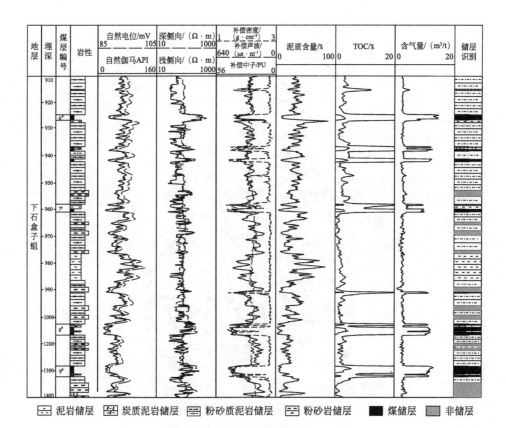

图 5.6 MCQ-01 井煤系气储层识别

第三节 宿南向斜 SN-01 区块煤系气资源量计算

一、 SN-01 区块地质概况

SN-01 区块位于宿南向斜南部 (图 5.7),东边界为 F_1 断层,西部边界为 F_{22} 断层,南部边界为 7_1 煤层-800m 底板等高线,北部边界为 7_1 煤层-1200m 底板等高线,总面积 4.22km²。区内构造简单,为一单斜构造,通过对现有资料的分析整理获得区块内下石盒子组地层基本地质信息 (表 5.11)。区块内 4~9 煤组均有发育,其中 6、7、8、9 煤层发育。钻井取样含气量测试显示,各煤层均具有较高的含气量,其中 6 煤层含气量为 11.67m³/t,7 煤层含气量 8.54m³/t,8 煤层含气量为 14.26m³/t,9 煤层含气量为 12.22m³/t,平均含气量为 11.67m³/t。

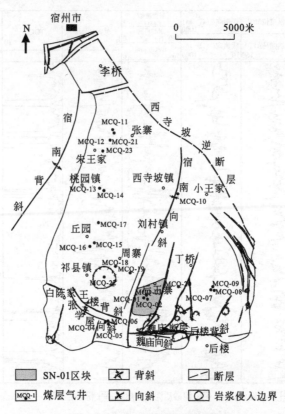

图 5.7　SN-01 区块位置意图

表 5.11　SN-01 区块下石盒子组地层基本地质信息

面积	4.22km²	地层倾角	13°
埋深	759~1018.15m	地层厚度	249.55~287.60m
储层压力	7.96~10.71MPa	煤层厚度	14.55~18.60m
地温	31.75~41.80℃	含水饱和度	5.28%~95.83%

　　区块内有 MCQ-01、MCQ-02 和 MCQ-03 三口煤系气地面井，其中 MCQ-01 井资料较为完整，可作为资料来源对区块内煤系气资源量进行计算。MCQ-01 井位于区块中部，钻井揭示下石盒子组地层埋深为 759~1018.15m，储层压力为 7.96~10.71MPa。区块内 MCQ-01 井进行了注入/压降试井试验，获取了 7_1 和 8_2 煤层的储层压力参数，其压力梯度分别为 10.6kPa/m 和 10.3kPa/m，7_1 煤层储层压力已为超压，8_2 煤层储层压力梯度达到了正常压力的上限，且埋深大于 980m。故区块内下石盒子组煤系气储层在毛管压力的作用下，很容易形成微孔超压环境，尤其是下石盒子组下部地层，埋深已大于 980m，且煤系气储层广泛发育，更易形成微孔超压环境。

二、考虑微孔超压环境的煤系气资源量计算方法

煤系气是指整个含煤岩系中的烃源岩母质在成煤作用过程中生成的全部天然气，根据 SN-01 区块煤系气储层的岩性可知，该区块的煤系气包括煤层气和煤系页岩气。煤系气主要以游离态、吸附态和溶解态赋存于储层中。由于溶解态赋存的复杂性，本书不对溶解态进行讨论。根据前文的分析，即便储层压力处于正常的压力范围，微孔内依然会存在超压环境，由于煤系气储层内微孔广泛发育，其对煤系气资源量的计算将产生重大的影响。

（一）微孔超压环境的资源量计算方法

本次研究采用的计算原理是体积法，体积法在油气资源量计算中应用广泛，计算原理比较成熟。

$$G = 0.01AhDC_{ad} \tag{5.14}$$

式中，G 为煤系气地质储量，$\times 10^8 \, m^3$；A 为煤系气含气面积，km^2；h 为煤/页岩层净厚度，m；D 为煤/页岩空气干燥基视密度，t/m^3；C_{ad} 为煤/页岩空气干燥基含气量，m^3/t。

由式（5.14）可知，进行煤系气资源量计算主要包括三个参数：h、C_{ad}、D。其中，h 和 D 依然采用常规方法获取参数，根据前文获取的微孔超压环境下的吸附气量和游离气量累加获取煤系气含量。

（二）微孔超压环境下计算方法分析

以 MCQ-01 井 1-5 号页岩样品为例，其埋深为 942m，测井获取的储层温度为 37.24℃，含水饱和度为 45.69％，孔隙度为 2.38％。根据已获取的样品孔隙特征参数，对考虑微孔超压环境和未考虑微孔超压环境的煤系气资源量分别进行计算（图 5.8）。

未考虑微孔超压环境的常规煤系气资源量计算结果显示，1-5 号页岩样品的理论含气量为 1.01m³/t，采用考虑微孔超压环境的煤系气资源量计算方法获得结果为 1.67m³/t。通过以上对比可发现，采用考虑微孔超压环境的煤系气资源量计算方法对资源量进行计算，相较于常规方法其计算结果多出 65.35％，其影响范围主要为小于 60nm 的小微孔。前文煤系气储层吸附/解吸实验中，当测试样品注入蒸馏水达 7MPa 后，其产出气量减少约 15％～25％，在 7MPa 压力下

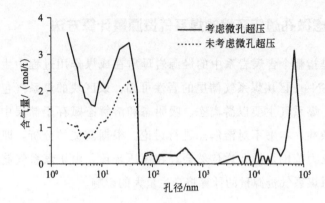

图 5.8 不同资源量方法计算结果对比

蒸馏水所能进入的孔隙有限，本次计算孔径最小值为 2nm，故本次计算结果符合煤系气储层吸附/解吸实验，所获的规律是客观合理的。

三、储层参数选取

测井作为重要的储层评价方法，在油气勘探开发领域已得到广泛的应用，经过近百年的发展，在储层识别和评价领域得到了长足的发展。可采用自然伽马测井、自然电位测井、岩性密度测井、补偿中子测井、补偿声波测井、电阻率测井（双侧向或者阵列感应测井）等，实现储层识别和评价，为煤系气资源量计算提供依据。

（一）TOC

对于 TOC 的计算，由于研究区测井采用常规测井方法，故采用 $\Delta \lg R$ 法。$\Delta \lg R$ 法是一种比较成熟的 TOC 计算方法，在油气勘探开发中得到了广泛的应用，首先分别对电阻率测井和声波时差测井曲线进行重新刻度，其横坐标分别为指数坐标系和 164 为一刻度的坐标系，将新刻度的曲线反向相差两个刻度叠加，选取其重叠部分或基本一致部分为基准线，并由此确定计算的电阻率和声波时差基准值，采用式（5.15）对 TOC 进行计算。

$$TOC = \Delta \lg R \times 10^{(2.297 - 0.1688 LOM)} \tag{5.15}$$

式中，LOM 为有机质成熟度；$\Delta \lg R$ 为电阻率曲线和声波时差曲线幅度差在对数坐标系上的数值，可采用式（5.16）进行计算。

$$\Delta \lg R = \lg(R/R_{基线}) + 0.02(\Delta t - \Delta t_{基线}) \tag{5.16}$$

式中，R 为电阻率值，$\Omega \cdot m$；Δt 为声波时差值，$\mu s/m$；$R_{基线}$ 为电阻率基准值，$\Omega \cdot m$；$\Delta t_{基线}$ 为声波时差值基准线值，$\mu s/m$。

（二）孔径分布

孔径分布为本次计算的重要参数，在第二章中已对煤系气储层的孔隙特征进行了详细的介绍，并对其进行了详细的分类。对于煤储层可直接采用表 5.12 所提供的孔径分布特征；对于页岩，在前文岩性识别的基础上，结合测井解释结果，对照表 5.4 中各样品的描述，选择岩性相同、各特征相近的样品，从表 2.3、表 2.4、表 2.5 等表中获得其孔体积、比表面积分布特征。

表 5.12　宿州祁东矿七号煤层煤样压汞测试结果

孔径级别	孔体积/(cm³/g)	孔体积比/%	比表面积/(m²/g)	比表面积比/%
微孔	0.0010	8.79	0.5965	46.75
小孔	0.0036	30.51	0.6565	51.44
中孔	0.0009	7.97	0.0158	1.24
大孔	0.0062	52.73	0.0062	0.49

通过对研究区煤系气储层的岩性及物性特征的系统分析，结合样品测试结果，选取三孔隙度测井（补偿密度、补偿中子、声波时差）和浅侧向电阻率测井建立四元线性回归解释模型，采用式（5.17）对研究区煤系气储层孔隙度进行计算。

$$POR = -4.34736 + 2.0263DEN + 0.07781CNL + 0.00471AC - 0.01287LLS$$

$$(5.17)$$

式中，DEN 为补偿密度测井值；CNL 为补偿中子测井值；AC 为声波时差测井值；LLS 为浅侧向电阻率测井值。

测井解释获得的岩层孔隙度包含孔隙和裂隙，表 2.4 获得的孔体积为一定粒径岩石样品的孔体积，其不包含部分较大的裂隙，两者的差值表示较大裂隙的孔体积。较大裂隙内气体主要以游离态赋存，且其由于形态和尺寸不易形成微孔超压环境，故其体积空间作为常规游离气计算参数对待。

（三）含水饱和度

含水饱和度是储层评价中一项重要的评价指标，其测井精细解释对深入分析储层有效渗透率、储量估算等具有重要的参考价值，现有的储层含气饱和度测井解释方法已相当成熟。由于阿尔奇公式等主要针对常规油气储层，对于煤系气这样的低孔隙度、低渗透率、高泥质含量的非常规储层应用还存在一定的局限性。在非常规油气领域，经过多年的实践创新，相关学者提出了多种研究模型和计算方法，结合研究区测井结果的分析选择 Total Shale 模型，采用式（5.18）对研究区煤系气储层含水饱和度进行计算。

$$S_{\mathrm{w}} = \left(\frac{R_{\mathrm{o}}}{R_{\mathrm{t}}} + \left[\frac{R_{\mathrm{o}} V_{\mathrm{sh}}}{2 R_{\mathrm{sh}}} \right]^2 \right)^{0.5} - \frac{R_{\mathrm{o}} V_{\mathrm{sh}}}{2 R_{\mathrm{sh}}} \tag{5.18}$$

式中，S_{w} 为含水饱和度，%；R_{o} 为完全饱水泥岩电阻率，$\Omega \cdot \mathrm{m}$；R_{t} 为深侧向电阻率，$\Omega \cdot \mathrm{m}$；R_{sh} 为临近泥岩层电阻率，$\Omega \cdot \mathrm{m}$；V_{sh} 为泥质含量，可采用式（5.19）进行计算。

$$V_{\mathrm{sh}} = \frac{2^{\mathrm{GCUR} I_{\mathrm{GR}}} - 1}{2^{\mathrm{GCUR}} - 1} \tag{5.19}$$

式中，V_{sh} 为泥质含量，%；GCUR 为 Hilchie 指数，取值 2.0；I_{GR} 为泥质含量指数，可采用式（5.20）进行计算。

$$I_{\mathrm{GR}} = \frac{\mathrm{GR} - \mathrm{GR}_{\mathrm{min}}}{\mathrm{GR}_{\mathrm{max}} - \mathrm{GR}_{\mathrm{min}}} \tag{5.20}$$

式中，GR 为目的层自然伽马值；$\mathrm{GR}_{\mathrm{min}}$，$\mathrm{GR}_{\mathrm{max}}$ 分别为纯泥岩、纯砂岩的自然伽马值。

（四）储层压力

储层压力在常规计算方法中，作为游离气计算的主要参数，采用间接法获取吸附气量时亦为主要参数。在本次研究中，在基于微孔超压环境的资源量计算方法中，其作为重要参数用以计算孔隙内压力值，获取含气量参数。前文已对研究区储层压力特征进行了分析，本次计算中对 980m 以浅的煤系气储层压力梯度取 10kPa/m，对 980m 以深煤系气储层压力梯度取 10.5kPa/m。

（五）储层温度

储层温度作为一个重要的影响因素，其对煤系气的赋存运移产生重要的影响，成为煤系气资源量计算的重要参数。相关学者对研究区的现今地温场分布特征进行了深入的研究，结合淮北矿务局桃园矿、祁南矿和皖北煤电祁东矿及相关煤层气地面参数井的地温数据，对研究区煤系气储层温度进行综合分析。研究区地温水随埋深的增加而增加，表现出传导型增温的特点。地温梯度在研究区内亦有所差别，其分布范围为 1.50～3.80℃/hm。由于受到推覆构造和新生代松散层厚度的影响，整体呈现南西向增加的趋势。区块内 MCQ-01 井采用了地温测井，为储层温度的选取提供数据支持。

（六）储层视密度

本书研究中采用体积法对资源量进行计算。体积法中有一个重要的计算参数就是岩石密度。然而，研究区内页岩储层缺乏实测岩石密度参数，区块内MCQ-01井采用了补偿密度测井，可为储层视密度的选取提供数据支持。

（七）吸附气含气饱和度

煤系气的吸附为物理吸附，现有的研究主要采用 Langmuir 方程进行描述。根据获取的 V_L、p_L 值，采用 Langmuir 方程即可获得理论吸附气量，然而理论吸附气量并不能真实表征实际含气量，需要考虑吸附气含气饱和度，即实测含气量与 Langmuir 方程获取的理论吸附气的比值。前文（第五章第二节）中已对研究区煤层的吸附气含气饱和度进行了计算，但现有的资料尚不足以对煤系页岩储层的吸附气含气饱和度进行计算，因此采用煤层的平均吸附气含气饱和度89.49%进行表征。

四、SN-01 区块资源量计算

分别采用考虑超压环境和未考虑超压环境的煤系气资源量计算方法，对 SN-01区块煤系气资源量进行计算。考虑到煤储层物性与煤系页岩储层相差较大，故在未考虑超压环境的煤系气资源量计算中对煤层气和煤系页岩气分别进行计算。

（一）未考虑超压环境的煤系气资源量计算

1. 煤层气资源量计算

本次研究采用的计算原理是体积法，体积法在油气资源量计算中应用广泛，计算原理比较成熟，其计算公式为：

$$G_i = 0.01AhDC_{ad} \tag{5.21}$$

式中，G_i 为煤层气地质储量，$\times 10^8 \text{m}^3$；A 为煤层气含气面积，km^2；h 为层净厚度，m；D 为煤层空气干燥基视密度，t/m^3；C_{ad} 为煤/页岩空气干燥基含气量，m^3/t。

由式（5.21）可知，进行煤层气资源量计算主要包括三个参数：h、C_{ad}、D。区块内 4、5 两煤组不发育，MCQ-01 井、MCQ-02 井和 MCQ-03 井揭露厚度均小于 0.5m，故不列入本次计算范围内。区块内 6、7、8、9 煤层广泛发育，根据现有区域地质资料、MCQ 系列井组的测井和取芯测试资料的分析，获取其资源量计算参数（表 5.13）。

表 5.13　煤层气资源量常规计算参数信息

煤层	煤炭资源量/$\times 10^6$t	含气量/(m³/t)	厚度/m	空气干燥基视密度/(g/cm³)
6	25.43	11.67	4.1	1.47
7	8.51	8.54	1.4	1.44
8	13.39	14.26	2.3	1.38
9	22.48	12.22	3.7	1.44

根据上述煤层气计算方法及确定的各种计算参数，分别对各煤层煤层气资源量进行计算（表 5.14）。SN-01 区块煤层气资源量为 $8.36 \times 10^8 \, \text{m}^3$，资源丰度为 $1.97 \times 10^8 \, \text{m}^3/\text{km}^2$。

表 5.14　煤层气资源量常规计算结果

煤层	资源量/$\times 10^8$ m³	资源丰度/($\times 10^8$ m³/km²)	资源量占比/%
6	2.97	0.70	35.53
7	0.73	0.17	8.73
8	1.91	0.45	22.85
9	2.75	0.65	32.89

2. 煤系页岩气资源量计算

研究区内煤系页岩层分布广泛，厚度较大，页岩气资源丰富，但缺乏现场实测的含气量、岩层密度等资料，故采用吸附等温法获取各层段含气量数据，具体计算过程如下：

（1）依据前文介绍的计算参数获取方法对测井资料进行整理、分析，对地层进行煤系页岩岩性划分，并计算储层压力、储层温度、孔隙度、孔径分布、含水饱和度、岩层密度等计算参数。

（2）采用式（5.3）和式（5.6）分别计算各层段的吸附气量和游离气量。

（3）根据资源量起算标准去除未达标层段资源量，采用式（5.14）对煤系页岩总资源量进行计算。

通过以上方法计算，SN-01 区块煤系页岩气资源量为 $7.11 \times 10^8 \, \text{m}^3$，资源丰度为 $1.68 \times 10^8 \, \text{m}^3/\text{km}^2$。

3. 煤系气资源量计算

煤系气资源量为煤层气资源量与煤系页岩气资源量总和，通过上述计算，SN-01 区块煤系气资源量为 $15.46 \times 10^8 \, \text{m}^3$，资源丰度为 $3.66 \times 10^8 \, \text{m}^3/\text{km}^2$，其中煤层气资源量丰富，占总资源量的 54.01％。

（二）考虑超压环境的煤系气资源量计算

前文已对考虑超压环境的煤系气资源量计算方法进行了讨论，具体计算过程如下：

（1）依据前文介绍的计算参数获取方法对测井资料进行整理、分析，对地层进行岩性划分，并计算储层压力、储层温度、孔隙度、孔径分布、含水饱和度、岩层密度等计算参数。

（2）采用式（5.5）和式（5.9），分别对各层段吸附气量和游离气量进行计算，进而获得各层段含气量。

（3）根据资源量起算标准去除未达标层段资源量，对测井资料获取的储层厚度进行修正，根据式（5.14）对煤系气总资源量进行计算。

通过以上方法计算，SN-01 区块煤系气资源量为 $21.50 \times 10^8 m^3$，资源丰度为 $5.10 \times 10^8 m^3/km^3$，其中煤层气资源量为 $11.91 \times 10^8 m^3$，占总资源量的 55.4％；煤系页岩资源量为 $9.59 \times 10^8 m^3$，占总资源量的 44.6％。

五、资源量计算可靠性分析

在本节提出的资源量计算方法的基础上，通过测井等方法对下石盒子组地层进行识别分类，并获取相关计算参数。分别采用考虑超压环境的煤系气资源计算方法和未考虑超压环境的煤系气资源量计算方法对宿南向斜 SN-01 区块煤系气资源量进行计算，考虑超压环境的煤系气资源计算结果为 $21.50 \times 10^8 m^3$，资源丰度为 $5.10 \times 10^8 m^3/km^2$；未考虑超压环境的煤系气资源计算结果为 $15.46 \times 10^8 m^3$，资源丰度为 $3.66 \times 10^8 m^3/km^2$。

宿南向斜煤系气开发尚处于勘探阶段，现有煤系气开发地面井两口，于 2016 年 10 月进行压裂施工，现处于排采阶段。基于对微孔超压环境形成机制的认识，在压裂施工中采用特制水基压裂液，最大限度地降低微孔超压环境的影响，实现资源量开发最大化。MCQ-02 井以控制面积 $0.1 km^2$ 计算，考虑微孔超压环境的资源量计算结果为 $0.51 \times 10^8 m^3$，常规方法计算结果为 $0.37 \times 10^8 m^3$。截至 2018 年 1 月，日产气量 $1022 m^3/d$，累积产气量 $0.98 \times 10^6 m^3$，产气效果良好。由于研究区内煤系气开发尚处于勘探阶段，缺乏最终开发资源量数据，故研究区资源量计算结果有待进一步数据验证。

第六章
基于微孔超压环境的
煤系气运移产出机制及应用

了解煤系气的运移机理及产出特征，对进行煤层气的勘探和开发十分重要。煤系气排采时，随着储层中水的排出，井底压力的降低，在井筒周围会形成压降漏斗。在压降漏斗影响范围内，当储层压力低于临界解吸压力时，煤系气从储层基质孔隙表面开始解吸。因此，储层压力是煤系气运移产出的动力，不仅影响煤系气的赋存，同时也影响煤系气的运移产出，从而制约着煤系气的开发。尽管已经认识到低渗储层内由于毛管压力的存在导致产生水锁效应，但是目前煤系气的运移产出机理是以"储层内表面解吸-微孔扩散-天然裂隙渗流"为基础，忽视了由毛管压力形成的微孔超压环境对煤系气运移产出过程的重要影响，严重影响了煤系气资源量估算和煤系气开发。综上所述，在煤系气储层中由于存在超压赋存环境，造成了对煤系气运移产出过程的认识与以往明显不同，本书认为目前的煤系气运移产出理论并没有能够客观反映煤系气实际的运移产出过程，煤系气运移产出机理应立足于微孔超压环境重新进行探讨。

第一节　考虑微孔超压环境的煤系气运移产出机理

煤系气的运移产出基本可以划分为三个阶段：在排采初期为饱和单相水流阶段；当储层裂隙系统中有气泡产生时，运移产出过渡为不饱和单相水流阶段；随着压力的下降，煤系气的产量逐渐增加，直至最后进入气水两相流阶段。据此，从煤系气产出过程的三个阶段出发，立足于微孔超压环境，揭示煤系气的运移产出机理。

一、饱和单相水流阶段解吸气的溶解机理

煤系气井排采初始，压降幅度比较小，还不足以使储层中的水产生流动，煤系气无法解吸，处于静水状态，这种流态在煤系气井排采过程中持续的时间最短。随着压降幅度的增大，储层中的裂隙水开始流动，极少量溶解气在裂隙系统中将处于运移状态，此时只有水的流动，称为饱和水单相流阶段。

在饱和水单相流阶段，随着压降幅度的增大，微孔内的吸附气将解吸，吸附气解吸服从兰氏方程。如果微孔水未饱和，陆续解吸的甲烷气体将溶解于水中。甲烷气体溶解为间隙填充和水合作用机理，由于水分子间隙小，气体分子填充量有限；加上甲烷在煤层温度下水合作用程度低，可知甲烷在水中的溶解度不大，其在水中的溶解度满足亨利定律。溶解于水中的甲烷分子在浓度差驱

动下扩散进入储层割理/裂缝，其满足菲克扩散定律。但由于甲烷气体微溶于水，这种气液两相间的溶液传质作用非常微弱，以这种方式扩散的甲烷量很少，可以忽略不计。因此，在饱和单相水流阶段，储层压力的下降不足以对孔隙压力环境产生影响。

二、不饱和单相水流阶段气泡的形成及运移机理

当微孔水溶解达到饱和后，饱和单相水流阶段结束。随着排采进行，压力进一步下降，一定数量煤系气解吸出来，形成气泡，阻碍水的流动，水的相对渗透率下降，无论在微孔中还是在裂隙系统中，气泡都是孤立的，没有互相连接，这时处于不饱和单相水流阶段。

（一）过饱和水中游离甲烷聚集形成气泡

当微孔水溶液达到"过饱和状态"后，随着排水降压解吸的继续进行，溶解在孔隙水中的甲烷气体分子不断聚集，产生气液两相分离。由于气液界面张力的存在，气液界面力图保持成球形，因此气液两相分离后甲烷气体分子聚集形成气泡，此时储层微孔中出现游离气。气泡在生长过程中受到孔隙壁面的约束，其成长动力来自气泡内压 p_g，阻力来自毛管压力 p_c 和储层压力 p。随着煤系气解吸量的逐渐增加，更多的甲烷分子经由过饱和的孔隙水聚集进入气泡，促使气泡体积增大，同时排水降压使得影响气泡成长的储层压力 p 逐渐减小，气泡内压 p_g 发生变化，促使气泡体积进一步增大，该过程满足气体状态方程。

（二）气泡在微孔中渗流

煤系气井排水降压阶段，割理/裂缝中压力下降得很快，而微孔中压力仍保持着一个相对较高的值，这时基质与割理之间便形成了压力差。气液两相流体流动与传质原理表明：浓度差驱动的扩散仅发生在单相流体中；气液易溶两相流体之间通过溶解进行扩散；气液不溶或微溶两相流体通过压差驱动渗流。据此认为气泡在微孔中运移方式是压差驱动下的渗流，而不是浓度驱动下的扩散。

1. 圆柱形毛管孔道中气泡的渗流模型

驱动压差公式：

$$\Delta p = p_g - p - p_c \tag{6.1}$$

式中，p_g 为气泡内的压力，MPa；p_c 为气泡运动受到的毛管压力，MPa；

p 为储层压力，MPa；Δp 为驱动压差。

静止的气泡在压差的驱动下欲运动时，外加压差使弯液面变形（图6.1），此时前进弯液面和后退弯液面分别受到的毛管压力（方向均指向凹液面）为 p_1 和 p_2。

（a）气塞处于静止状态　　　　　　　　（b）外加压差使弯液面变形

图 6.1　圆柱形毛管孔道中气泡的毛管阻力效应

前进弯液面毛管压力公式：

$$p_1 = \frac{2\sigma \cos\theta_1}{r} \tag{6.2}$$

后退弯液面毛管压力公式：

$$p_2 = \frac{2\sigma \cos\theta_2}{r} \tag{6.3}$$

气泡运动受到的毛管压力公式：

$$p_c = p_1 - p_2 = \frac{2\sigma(\cos\theta_1 - \cos\theta_2)}{r} \tag{6.4}$$

因此，在有压差驱动的情况下，气泡在驱动压力方向上所受到的动力公式：

$$F_T = (p_g - p)\pi r^2 - 2\pi r\sigma(\cos\theta_1 - \cos\theta_2) \tag{6.5}$$

当 F_T 大于零时，气泡将产生移动。

对于气泡而言，由于单个气泡在孔隙空间内没有形成连续的流动通道，因此气泡的流动不满足达西定律；气泡流动必须克服毛管压力和储层压力作用，因此，存在一个最小的压力梯度，即启动压力梯度。只有当基质与割理间的压差足够大时，微孔中的气泡才能流动。由式（6.6），得出微孔中气泡进入煤层割理/裂缝的启动压力梯度计算公式：

$$\lambda_{gb} = \frac{p}{l} + \frac{2\sigma(\cos\theta_1 - \cos\theta_2)}{rl} \tag{6.6}$$

式中，l 为气泡由孔隙至割理/裂缝流经的长度，m；λ_{gb} 为气泡的启动压力梯度，Pa/m。

综上所述，煤系气解吸后形成的游离气泡在微孔中的流动为复杂的非线性渗流。

2.气泡通过孔喉窄口产生贾敏效应

由于储层孔隙结构复杂，孔喉大小存在差异。当甲烷游离气泡通过孔喉窄口时，由于孔喉的半径差使得气泡两端的弧面毛管压力表现为阻力，若要通过半径较小的喉道必须拉长并改变形状，从而减缓气泡运动，产生贾敏效应（图6.2）。

图6.2 贾敏效应

气泡欲通过孔喉窄口需要克服的毛管压力公式：

$$p_{JM} = 2\sigma\left(\frac{1}{R_1} - \frac{1}{R_2}\right) \tag{6.7}$$

式（6.7）就是贾敏效应的计算公式，孔喉内外压差至少达到 p_{JM} 时气泡才能通过孔喉，否则就会被堵住。贾敏效应的产生多半会诱发水锁损害，更进一步加剧了对储层的损害。

3.气泡将基质微孔隙中的液体驱出

伴随着排水降压解吸的持续进行，不断生成的游离气泡在压差的驱动下由微孔进入储层割理/裂缝。实际上，微孔水占据了气体的运移通道，气体运移进入割理/裂缝必定先将孔隙水驱出。

三、气水两相流阶段的煤系气运移产出机理

随着排采进行，储层压力进一步下降，更多气体解吸出来，气相渗透率逐渐增大，气产量逐步增多，水产量开始下降，直至气泡相互连接，形成连续的流线，处于气水两相流态。该阶段微孔内的孔隙水已被不断形成的气泡逐步携带产出，已有的微孔超压环境荡然无存，煤系气的解吸、扩散不再受到微孔超压环境的影响。吸附气解吸后扩散（努森、过渡型、菲克）至渗流孔、割理/裂缝渗流（低速非线性、线性）产出（图6.3）。

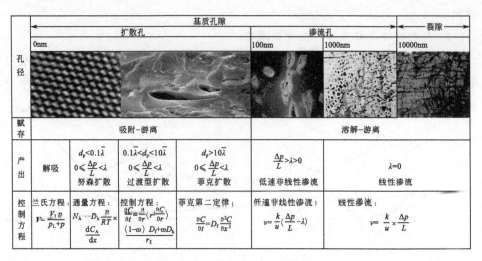

	基质孔隙				裂隙
	扩散孔			渗流孔	
孔径	0nm		100nm	1000nm	10000nm
赋存	吸附–游离			溶解–游离	
产出	解吸	$d_p<0.1\bar{\lambda}$ $0\leqslant\dfrac{\Delta p}{L}<\lambda$ 努森扩散	$0.1\bar{\lambda}<d_p<10\bar{\lambda}$ $0\leqslant\dfrac{\Delta p}{L}<\lambda$ 过渡型扩散	$d_p>10\bar{\lambda}$ $0\leqslant\dfrac{\Delta p}{L}<\lambda$ 菲克扩散	$\dfrac{\Delta p}{L}>\lambda>0$ 低速非线性渗流	$\lambda=0$ 线性渗流
控制方程	兰氏方程: $V_L=\dfrac{V_L p}{p_L+p}$	通量方程: $N_A=-D_k\dfrac{n}{RT}\times\dfrac{dC_A}{dx}$	控制方程: $\dfrac{\partial C}{\partial t}=\dfrac{n}{\partial r}\left(r^2\dfrac{\partial C}{\partial r}\right)$ $\dfrac{(1-\omega)}{r_2}D_f+\omega D_k$	菲克第二定律: $\dfrac{\partial C}{\partial t}=D_f\dfrac{\partial^2 C}{\partial x^2}$	低速非线性渗流: $v=\dfrac{k}{u}\left(\dfrac{\Delta p}{L}-\lambda\right)$	线性渗流: $v=\dfrac{k}{u}\times\dfrac{\Delta p}{L}$

图 6.3　煤系气扩散渗流机理

（一）煤系气在扩散孔中扩散

由于在不饱和单相水流阶段，基质微孔隙内的孔隙水已被持续生成的游离气泡携带产出，因此，在气水两相流阶段，吸附气解吸后，游离甲烷气体在浓度差的驱动下由扩散孔扩散至渗流孔、割理/裂缝。

1. 扩散孔与渗流孔的判识

煤系气在储层孔隙中存在扩散与渗流两种运移产出行为，据此将储层孔隙划分为扩散孔与渗流孔。以往有学者运用分形理论来判识扩散孔与渗流孔，认为只要 $\lg[dV_{p(d)}/dp(d)]$ 与 $\lg p(d)$ 满足线性关系，孔隙分布就满足线性特征。其中，$p(d)$ 为压汞实验时的注入压力，其与孔径 d 满足 Washburn 公式，$dV_{p(d)}/dp(d)$ 为注入压力 $p(d)$ 时的孔体积增量。图 6.4 是由焦作煤样压汞实验数据得到的 $\lg[dV_{p(d)}/dp(d)]$ 与 $\lg p(d)$ 线性拟合趋势线，$\lg[dV_{p(d)}/dp(d)]$ 与 $\lg p(d)$ 有明显的线性关系；而当 $\lg p(d)>1.27$ 时，$\lg[dV_{p(d)}/dp(d)]$ 与 $\lg p(d)$ 不满足线性关系。因此，$\lg p(d)=1.27$ 为线性拟合分界点。

通过压汞实验得到不同地区煤样的 $\lg[dV_{p(d)}/dp(d)]$ 与 $\lg p(d)$ 线性拟合趋势线，不同地区煤样线性拟合分界点处的 $\lg p(d)$ 基本位于 $1.02\sim1.27$ 范围内（表 6.1），分界点对应的孔径介于 $105\sim132$nm。对于该分界点，不同的学者得出了不同的结论，但是其范围极其相近，赵爱红[176]、傅雪海[177] 及张松航[178] 分别求得该分界点直径介于 $120\sim140$nm，$108\sim170$nm 和 $48\sim216$nm。

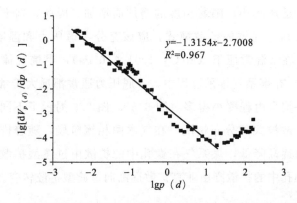

$y=-1.3154x-2.7008$
$R^2=0.967$

图 6.4　焦作煤样压汞实验的 $\lg[dV_{p(d)}/dp(d)]$ 与 $\lg p(d)$ 的线性拟合

表 6.1　线性拟合分界点及其对应孔径

样品名称	分界点处 $\lg p(d)$	分界点对应孔径/nm
大同	1.02	115
柳林	1.12	120
古交	1.15	132
洛阳	1.24	117
焦作	1.27	105

综上可知，由 $\lg[dV_{p(d)}/dp(d)]$ 与 $\lg p(d)$ 线性拟合所决定的分界点可以很好地判识不同煤样的扩散孔与渗流孔的界限，分界点左侧则代表了孔径较大的渗流孔，而右侧代表了孔径较小的扩散孔。结合 B.B. 霍多特煤孔隙分类方案，本书认为扩散孔与渗流孔的临界孔径确定为 100nm。

2. 扩散模式的分布

煤系气在储层中存在努森扩散、过渡型扩散和菲克扩散等多种扩散模式，其扩散以何种模式进行则主要受控于甲烷气体分子的平均自由程（$\bar{\lambda}$）与扩散空间大小（d_p）的相对关系。当 $d_p<0.1\bar{\lambda}$，发生努森扩散；当 $d_p>10\bar{\lambda}$，发生菲克扩散；当 $0.1\bar{\lambda}<d_p<10\bar{\lambda}$，发生过渡型扩散。

甲烷气体分子的平均自由程计算公式为：

$$\bar{\lambda}=\frac{KT}{\sqrt{2}\,\pi d^2 p} \tag{6.8}$$

式中，K 为玻尔兹曼常数，$K=1.38066\times10^{-23}$J/K；T 为环境温度，K；d 为气体分子直径，甲烷分子的直径为 4.14×10^{-10} m；p 为环境压力，Pa。

甲烷气体分子的平均自由程可以看作是压力 p、温度 T 的函数，其数值随着压力的增加而迅速减小，随着温度的增加而增加。因此，判定分子平均自由程的大小，进而判定气体的扩散模式，应该充分考虑压力和温度对其的影响。根据式（6.8），在常温常压下（20℃，$1.01 \times 10^5 \mathrm{Pa}$），甲烷气体分子的平均自由程为 53.2nm。在煤系气排采过程中，井底压力通常都远大于常压，所以储层环境下甲烷的平均自由程要小得多（图 6.5）。图 6.6 揭示了不同孔径和储层压力条件下三种扩散模式的分布情况。在气水两相流阶段，随着排采降压的持续进行，储层压力逐渐降低，煤系气在微孔中的扩散由过渡型扩散逐渐转变为努森扩散，而在小孔中的扩散则由菲克扩散逐渐向过渡型扩散转变。

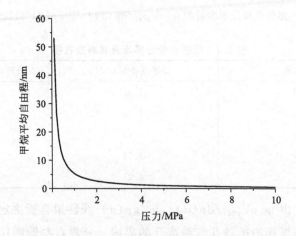

图 6.5　$\bar{\lambda}$ 与 p 的关系（20℃）

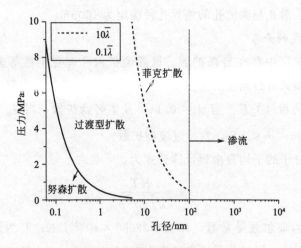

图 6.6　扩散模式分布图（20℃）

（二）煤系气在渗流孔、割理/裂缝中渗流产出

1. 扩散与渗流的判识

启动压力梯度可作为扩散、低速非线性渗流与线性渗流三种流态的判断依据，见式（6.9）。

$$v=\begin{cases} \dfrac{k(p_1^2-p_2^2)}{2p_0\mu L} & \lambda=0 \\[3mm] \dfrac{k}{\mu}\left[\dfrac{(p_1^2-p_2^2)}{2p_0L}-\lambda\right] & \lambda\neq0,\dfrac{\Delta p}{L}\geqslant\lambda \\[3mm] 0 & \lambda\neq0,\dfrac{\Delta p}{L}<\lambda \end{cases} \qquad (6.9)$$

式中，v 为气体流速，m/s；k 为渗透率，m^2；p_1 为入口压力，Pa；p_2 为出口压力，Pa；p_0 为大气压力，取 101325Pa；μ 为气体黏度，Pa·s；Δp 为入口与出口间的压力差，Pa；L 为气体流经长度，m；λ 为启动压力梯度，Pa/m。

当 $\lambda=0$Pa/m 时，为线性渗流。当 $\lambda\neq0$Pa/m，且储层压力梯度大于 λ 时，为低速非线性渗流；储层压力梯度小于 λ 时，为扩散。

采用吴凡计算启动压力梯度的方法可在实验室获得启动压力梯度。不考虑启动压力梯度时的气体渗流方程为：

$$v=\frac{k(p_1^2-p_2^2)}{2p_0\mu L} \qquad (6.10)$$

式中，v 为气体流速，m/s；k 为渗透率，m^2；p_1 为入口压力，Pa；p_2 为出口压力，Pa；p_0 为大气压力，101325Pa；μ 为气体黏度，Pa·s；L 为气体流经长度，m。可以看出，v 与 $(p_1^2-p_2^2)$ 为通过原点的线性关系。

当存在启动压力梯度时应该为：

$$v=a(p_1^2-p_2^2)-b \qquad (6.11)$$

式（6.11）中 a、b 为常数，令 $v=0$，则 p_1 与 p_2 关系：

$$p_1=\left(\frac{b}{a}+p_2^2\right)^{\frac{1}{2}} \qquad (6.12)$$

所以启动压力梯度为：

$$\lambda=\frac{\left(\dfrac{b}{a}+p_2^2\right)^{\frac{1}{2}}-p_2}{L} \qquad (6.13)$$

因此，只要通过求出 v 与 $(p_1^2-p_2^2)$ 之间关系，求出常数 a 和 b，代入式（6.13）

就可计算启动压力梯度。

2. 低速非线性渗流与线性渗流临界孔径的确定

当然，在气水两相流阶段，启动压力梯度的最大贡献者非毛管压力莫属，通过计算微孔毛管压力为 0.1MPa 时对应的孔径，可以界定低速非线性渗流与线性渗流，但由于煤的性质不同，不同的煤其临界孔径也各不相同（表 6.2）。

$$D_{\mathrm{p}} = 40\sigma\cos\theta \tag{6.14}$$

式中，D_{p} 为低速非线性渗流与线性渗流临界孔径，nm。临界孔径处的孔隙毛管压力与外界大气压相等，启动压力梯度为 0。

表 6.2　临界孔径计算结果

样品名称	$\sigma/(mN/m)$	$\theta/(°)$	D_{p}/nm
大同		48	1968.6
柳林		63	1335.6
古交	73.55	66	1196.6
洛阳		57	1602.3
焦作		56	1645.1

由表 6.2 可知，临界孔径集中在 1000～2000nm 范围内，结合 B.B. 霍多特煤孔隙分类方案，本书认为低速非线性渗流与线性渗流临界孔径确定为 1000nm。

四、考虑微孔超压环境的煤系气运移产出机理

综合前文所述，若储层孔隙内的气相压力超过静水柱压力，则形成超压环境，基于微孔超压环境对煤系气运移产出机理进行了重新认识（图 6.7），即：饱和单相水流阶段，降压解吸出来的游离甲烷分子在孔隙水中溶解，直至饱和；不饱和单相水流阶段，吸附气继续解吸，在孔隙内形成气泡，气泡在压差的驱动下低速非线性渗流运移至割理/裂缝，同时将孔隙内的水驱赶至割理/裂缝；气水两相流阶段，孔隙内的超压环境已经解除，解吸气在扩散孔中以努森扩散、过渡型扩散、菲克扩散运移至渗流孔、割理/裂缝，以低速非线性渗流、线性渗流由渗流孔、割理/裂缝运移至井筒产出。

通过上述分析，认为基于微孔超压环境的煤系气运移产出机理与以往的认识存在很大不同，超压环境对饱和单相水流阶段和不饱和单相水流阶段影响较大，远高于储层的孔隙压力，迫使煤系气在解吸后先溶解于水中，直至水中溶解气达到饱和才有气泡出现。气泡在压差的驱动下低速非线性渗流运移至割理/

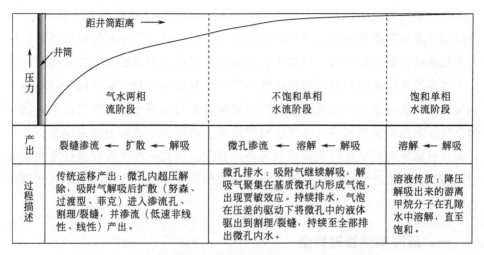

图 6.7　基于微孔超压环境的煤系气运移产出机理

裂缝，同时将孔隙内的水驱赶至割理/裂缝，在这一过程中孔隙压力逐渐降低，孔隙内的超压环境逐渐得以解除，气水两相流阶段流体的运移不再受到超压环境的影响。

　　基于微孔超压环境的煤系气运移产出机理对煤系气开发工程具有很多启示。首先，微孔排水难易程度取决于毛管压力，注入压裂液形成的毛管压力越小越有利于返排，否则会造成严重的水锁效应。微孔排水阶段如果排采强度过大，只能在近井地带形成压降，引起微孔排水；过早进入气水两相流阶段，水的相对渗透率急剧下降，严重影响了远井地带的排水降压和微孔排水效果。因此，排采的第一阶段时间要尽量长些，尽量把有可能多的水排出，形成大范围的压降漏斗。其次，是对气液两相流阶段割理/裂缝中的速敏和段塞流控制，不仅可以通过压裂液来控制水锁、速敏、段塞流，也可以通过优化排采强度来控制。在压裂液中加入表面活性剂可有效地改善压裂液的性质，如降低压裂液的表面张力和黏度、改善储层表面的润湿性、减小毛管阻力，进而减缓水锁、速敏等的发生，故应优选出合适的表面活性剂作为压裂液的添加剂，排采要遵循连续、缓慢、稳定的原则。

第二节　煤系气储层流体层间窜流规律

　　煤系气储层通常以多层叠置的方式存在，而开发过程中需要对具有不同岩性储层内的气体资源实施共采，其关键在于各层高效协同产气。然而，各类储层岩石力学性质、气体赋存特征和生产过程中储层敏感性等均存在较大差异，导致储层改造和排采阶段均有层间干扰发生。前人研究已经对储层改造阶段层间干扰形成机制和控制因素取得了初步认识，而排采阶段层间干扰的研究往往集中在多层系煤系气开发过程中通过井筒发生的层间干扰，对于同一层系内不同储层间的层间干扰，尤其是通过层间裂缝发生的层间干扰则少有涉及。随着煤系气开发逐渐受到重视，通过层间裂缝发生的层间干扰必将越来越常见，而相关理论的缺失无疑将阻碍煤系气的高效开发。因此，本节旨在通过室内实验对单相流和两相流阶段流体层间窜流规律进行研究，进一步完善煤系气运移产出机理。

一、层间窜流物理模型

垂直井单一层系煤系气开发时，各类储层具有一致的原始储层压力和井底流压。随着气井起抽，煤系气井井底流压逐渐降低，各层流体在压差驱动下向井筒运移，并在储层内形成以井筒为中心的压降漏斗。然而，渗透率等储层物性差异导致各层压降漏斗形态存在差异，进而产生层间流体压差。受此影响，流体经层间界面由高压层向低压层窜流。随着不同储层间渗透率差异变大，层间压差趋于增加，更有利于层间窜流的发生。参考前期煤系气开发实践经验，建立如图 6.8 所示的简化物理模型。该模型包含三个储层，且由下到上依次代表储层改造后渗透率最低的煤层及渗透率最高和居中的岩层。

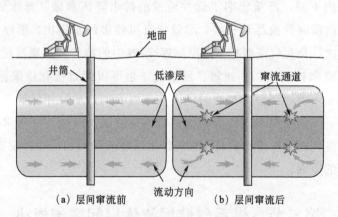

（a）层间窜流前　　　　　（b）层间窜流后

图 6.8　煤系气开发流体层间窜流物理模型

考虑到煤系气开发过程中对各类储层实施一体化缝网改造，各储层通过水力裂缝相互连通，且水力裂缝的导流能力远高于储层基质孔隙与微裂隙。因此，模型中流体层间窜流仅通过层间连通裂缝发生，而忽略流体通过基质孔隙或微裂缝的窜流。此外，为了简化模型，认为各层流体在裂缝内的运移均为满足达西定律的线性渗流。

二、层间窜流实验物理模拟系统

根据流体层间窜流物理模型（图6.8），笔者自主研制流体层间窜流实验系统，并分别对单相流阶段和两相流阶段流体层间窜流规律进行研究，其中单相流阶段的实验系统如图6.9所示，两相流阶段的流体层间窜流改造后的实验系统如图6.10所示。

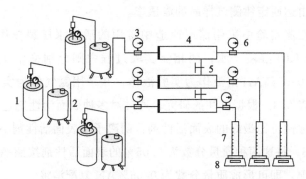

图6.9　单相流阶段层间窜流实验系统示意图

1—气瓶；2—储液罐；3—减压阀；4—样品缸；5—窜流通道；6—背压阀；7—量筒；8—天平

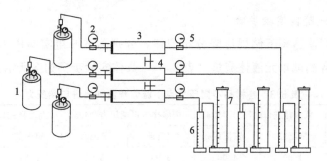

图6.10　两相流阶段层间窜流实验系统示意图

1—气瓶；2—减压阀；3—样品缸；4—窜流通道；5—背压阀；6—量筒；7—瓦斯解吸仪

各测试单元间通过窜流管路连通，用以模拟煤系气储层内层间连通裂缝，同时通过两条管路上的阀门控制流体窜流。对于两相流阶段的流体层间窜流装置，通过将三个液罐移除，使高压氮气瓶通过管路直接与测试单元连接，并在各样品缸与减压阀之间增设阀门。

（一）实验样品制备

实验以粒径为 40~80 目的石英砂为骨料、超细水泥粉和石膏粉为黏结剂，并拌入含 1％硼砂的水溶液配置实验样品。

制样时先将骨料与黏结剂置于器皿内搅拌均匀，再缓慢拌入水溶液并持续搅拌，确保配料均匀混合。搅拌完成后在 10MPa 的轴向压力下压制长度为 25cm 的实验样品。压制成型后的样品在室温（25℃）和标准大气压下养护处理 2d。之后，将样品放入盛有实验液体的水槽内，对实验样品进行饱液处理。将处理完成后的实验样品装入样品缸内并连接入实验装置，在一定的驱替压差下通入实验液体，并由达西定律测试样品的渗透率。

此外，单相流实验中采用储层改造中常用的活性水压裂液作为实验液体，其配比为 1.0％KCl 溶液＋水；两相流实验过程中则分别采用 1％KCl 溶液和 1％KCl 溶液＋0.05％AN 溶液作为实验液体，并采用氮气作为实验气体，实验液体的参数见表 6.3。根据以往的研究，通过对多种表面活性剂进行初步的沉降实验优选出两种性价比最好的表面活性剂：阴离子型表面活性剂 AS 和非离子型表面活性剂 NS。将这两种质量分数为 0.05％的表面活性剂按照 AS：NS＝9：1 的比例进行复配，即可形成质量分数为 0.05％AN 复配溶液。

（二）实验步骤

1. 单相流阶段实验步骤

根据不同渗透率下储层压降分布规律，分别测试 5 组实验压力点下流体层间窜流前后各测试单元液体流量（表 6.3），具体实验步骤如下所示：

表 6.3　各样品不同压力点下流体窜流前后进口端压力

实验压力点	低渗样进口端压力/MPa		中渗样进口端压力/MPa		高渗样进口端压力/MPa	
	窜流前	窜流后	窜流前	窜流后	窜流前	窜流后
1	4.00	4.00	3.99	3.94	3.81	3.85
2	4.00	4.00	3.81	3.73	3.49	3.58
3	3.88	3.87	3.45	3.39	3.01	3.18
4	3.71	3.69	3.29	3.20	2.47	2.93
5	3.43	3.42	2.58	2.51	2.00	2.36

第一步：连接管路。根据物理模型，依次将饱水处理后的 3 个实验样品依次连入实验管路，其中具有最高渗透率的样品位于中部测试单元，渗透率居中

和最低的两个样品分别位于两侧实验单元。

第二步：将 1.0％ KCl 溶液加入各储液罐内，关闭窜流通道阀门，打开实验管路上的其他阀门，使液体在高压气体的驱替下进入样品缸。保持背压阀压力为 2MPa 以模拟井底流压，调节各测试单元减压阀压力至第一组实验压力，待流量稳定后，记录各样品液体流量。

第三步：打开各测试单元间的窜流管路阀门，观察测试单元液体流量变化，待流量稳定后，记录各测试单元液体流量以及样品缸入口端压力变化情况。

第四步：依次调整减压阀压力至其他四组压力点，并重复第三步。

2. 两相流阶段实验步骤

选择表 6.3 中的 2、3 和 4 压力点作为两相流层间窜流实验的实验压力点。同时，借鉴国家标准 GB/T 28912—2012 中规定的相对渗透率非稳态测试方法开展实验，具体实验步骤如下所示：

第一步：测量实验样品干重后，将样品放入盛有 1.0％KCl 溶液的水槽内，并将水槽置于真空干燥箱对实验样品进行饱液处理，待样品无气泡产生后停止。取出实验样品后擦干表面水滴，并测试实验样品的湿重，记录饱水量。

第二步：连接实验管路，检查管路气密性后将各实验样品连接入对应的测试单元内，关闭窜流通道阀门。

第三步：关闭样品缸前端阀门，打开高压氮气瓶阀门，并通过减压阀调节样品缸入口端压力至第一个实验压力点。

第四步：打开样品缸前端阀门，通过摄像机记录量筒和瓦斯解吸仪内气、液流体产出情况，待产液结束后关闭实验管路、取出实验样品，测试并记录其重量。

第五步：对实验样品再次进行饱液处理，连接实验管路，并将处理好的样品连入测试单元内，打开窜流通道阀门。

第六步：重复第三步和第四步，测试层间窜流发生后各样品气、液两相流体产出情况。

第七步：重复第一步～第六步，测试第二个和第三个实验压力点下层间窜流前后各样品流体产出情况。

第八步：更换实验液体为 1.0％KCl 溶液＋0.05％AN 溶液，并采用该溶液对实验样品进行反复清洗和饱液处理，测试处理后样品的湿重，记录饱水量。

第九步：重复第二步～第七步，测试实验液体为 1.0％KCl 溶液＋0.05％AN 溶液时层间窜流前后各样品流体产出情况。

三、层间窜流实验物理模拟实验分析结果

（一）单相流阶段流体窜流规律

随着煤系气井排采的进行，各储层流体压力均不断降低，且储层渗透率越高压降速率越快。因此，层间窜流发生前，低渗样始终具有最高的入口端压力，其次为中渗样，而高渗样入口端压力最低。流体层间窜流发生后，各样品入口端流体压力均发生改变，其中高渗样入口端压力明显增大，而中渗样和低渗样入口端压力则有所降低，且低渗样入口端压力降幅相对较小（图 6.11）。这一结果表明层间窜流的发生不仅对液体流量分布造成了影响，同时还使得各样品流体压力的分布情况发生改变，进而对总产液量造成影响。

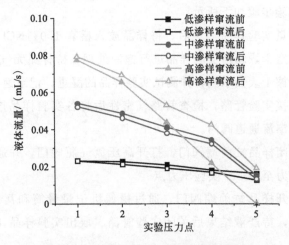

图 6.11　不同实验压力点各样品液体流量

层间窜流的发生使得储层流体不再是只沿各自储层产出，而是趋向于由具有更高导流能力的储层产出，一方面影响了各层流体流量的分布，另一方面则对各层储层压力的分布造成影响，进而影响气井产量。此外值得注意的是，层间窜流的发生使得高渗层流体流速显著增大，这无疑对储层速敏伤害的防治提出了更高的要求。

（二）两相流阶段流体窜流规律

1. 1.0%KCl 溶液

采用 1.0%KCl 溶液为实验液体时，流体层间窜流发生前随实验的进行各样

品气体流量不断增大、液体流量不断降低，直至最终无水产出，样品达到束缚水状态。样品束缚水饱和度反映了储层水锁伤害的程度，束缚水饱和度越高，储层水锁伤害越严重。

随着样品缸入口端压力和样品渗透率降低，气、液相流体流量均趋于下降，同时，样品达到束缚水状态所需要的时间增加、束缚水饱和度增大；窜流发生后，中渗样与低渗样中的流体在压差的驱替下均趋于向高渗样窜流，相反，高渗样气、液流量均有所增大，其中不同压力点下气体流量分别增大；此外，高渗样束缚水饱和度降低，见图 6.12～图 6.15。

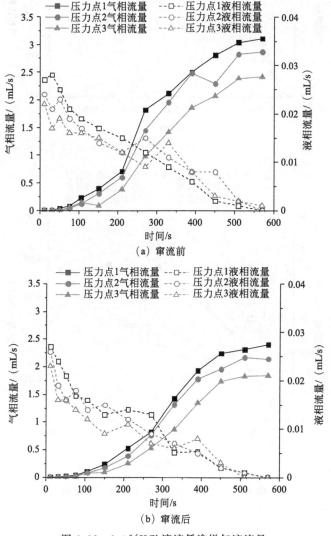

（a）窜流前

（b）窜流后

图 6.12　1.0％KCl 溶液低渗样气液流量

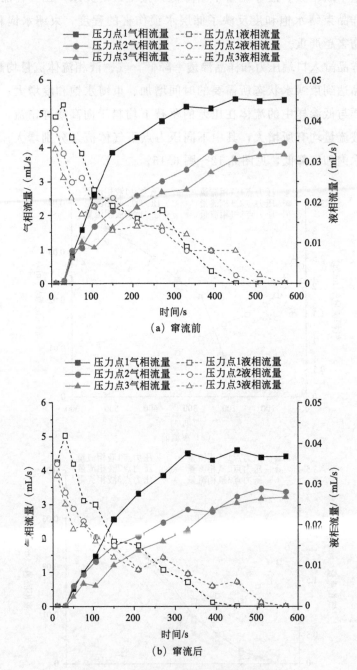

（a）窜流前

（b）窜流后

图 6.13　1.0％KCl 溶液中渗样气液流量

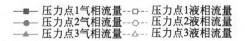

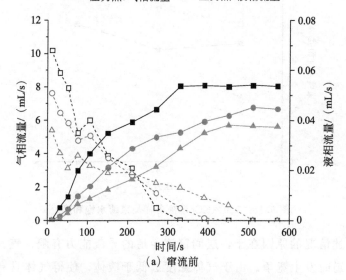

（a）窜流前

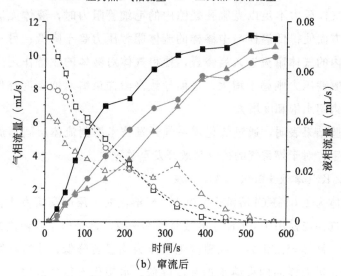

（b）窜流后

图 6.14　1.0％KCl 溶液高渗样气液流量

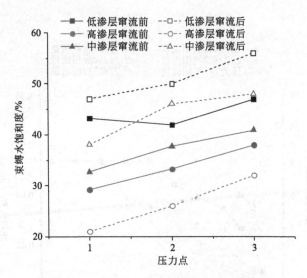

图 6.15　1.0％KCl 溶液各样品束缚水饱和度

　　发生上述情况的原因在于，层间窜流通道的导流能力有限，气、液流体在通过窜流通道时发生竞争。由于气体黏度远低于液体，使得气体具有更强的流动能力并在窜流通道附近产生类似气锥效应，进而气体窜流优先发生而液体窜流被抑制。另外，气体的驱替是液体产出的动力，然而受毛细管效应和贾敏效应影响，当气体压力不足以克服孔裂隙内的毛细管阻力时，液体无法产出。窜流的发生一方面使得低渗样与中渗样的流体驱替压力趋于降低；另一方面中渗样与低渗样内的气体窜流进入高渗样，使得气体对液体的驱替作用减弱，而高渗样内流体驱替压力则趋于增大，进而导致高渗样束缚水饱和度降低，而中渗样与低渗样束缚水饱和度增大。

　　上述实验结果表明，通过优化煤系气开发技术抑制流体层间窜流所引发的储层水锁伤害，对于煤系气的持续高效开发至关重要。

　　2. 1.0％KCl 溶液＋0.05％AN 溶液

　　实验液体为 1.0％KCl 溶液＋0.05％AN 溶液时，层间窜流发生前气、液流体流量分布规律与使用 1.0％KCl 溶液时基本一致。这是由于溶液内添加表面活性剂 AN 后，液体表面张力和孔隙内毛管压力均显著降低，使得孔隙水更容易被气体驱出，进而样品内束缚水饱和度降低、水锁伤害得到减缓，促进了各样品内气体产出。

　　对比两种液体层间窜流发生后的实验结果可以发现，采用 1.0％KCl 溶液＋0.05％AN 溶液时，相同实验压力点下各样品气体流量均趋于增大，束缚水饱和度则显著降低，同时，气体干扰系数趋于增大，而液体干扰系数为负数时其绝对值则趋于降低。因此，通过降低孔隙毛管压力，表面活性剂 AN 的添加有效减缓了由于流体层间窜流所引发的低渗层和中渗层水锁伤害，有利于各层气体的高效产出。

除上述实验发现外，实际煤系气开发两相流阶段流体层间窜流还可能引发其他效应，并对流体产出造成影响。具体地，不同于实验过程中各样品均具有稳定的气源，煤系气开发过程中吸附态的煤层气只有在储层压力降低至临界解吸压力后，才会解吸并向井筒方向产出。然而，吸附气解吸过程并非连续的，而是随储层压降漏斗的扩展、储层压力的降低分阶段进行的。煤系气井排采初期，煤层处于单相水阶段，煤层水在层间窜流的促进作用下高效产出，煤层压降速率较大，而当储层压力降低至煤层气临界解吸压力后，吸附气开始解吸并通过层间裂缝发生窜流。受气体窜流的抑制作用，煤层水产出能力降低，除了导致煤层束缚水饱和度增大外，煤层压降速率也将减小，进而导致吸附气解吸被抑制、产气量降低。随着气体流量减小，窜流通道附近气锥效应减弱，液体窜流量趋于增大，而煤层排水降压效率提升且储层压力降幅增大，促进吸附气的解吸且气体流量增大，进而气锥效应增强并再次对水的产出形成抑制，如此循环反复直至煤层水不再产出，即达到束缚水状态（图 6.16）。

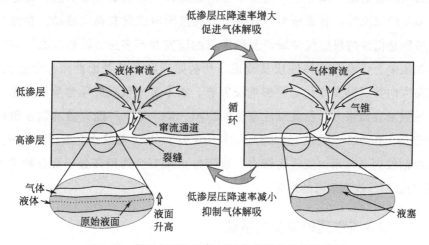

图 6.16　煤系气开发流体层间窜流引发段塞流机制

上述情况的发生将导致煤层内气、液流体间歇式地进入煤层围岩（高渗层），并对围岩裂缝内流体运移产生扰动。一方面，液体通过窜流进入高渗层，使得其裂缝内液面高度增大，而气相实际流速趋于增加；另一方面，气体窜流将导致高渗层裂缝内气体流速增大。裂缝内液面高度增大、气体流速增加必将促进段塞流的形成和段塞流强度的提升，不利于储层速敏伤害的防治和排采系统的稳定。因此，煤系气开发过程中流体层间窜流可能引发的高渗层段塞流同样需要引起重视。

第三节　段塞流物理模拟实验

我国煤层气资源丰富，埋深 2000m 以浅的煤层气资源量为 $3.681 \times 10^{13} \, m^3$[179]，与我国陆地常规天然气资源量大致相当。对煤层气进行合理的开发和利用，在改善煤矿安全、保护生态环境、开发新能源三个方面具有重要作用。我国煤层气开发已经历 40 年，累计施工煤层气井 18000 余口[180]，虽已形成沁水、鄂东两大煤层气产业基地，但煤层气井的商业达产率仍不足三分之一，仅在潘河、保德等部分区块实现了商业化开发。煤层气排采过程中段塞流的存在可能是造成一些地区煤层气难以商业化开发的重要原因之一。

段塞流[181] 是流体管道输送领域的一种常见流态，是指管道中一段气柱、一段液柱交替出现的气液两相流动状态。气体和液体交替流动，充满整个管道流通面积的液塞被气团分割，气团下方沿管底部流动的是分层液膜，管道内多相流体呈段塞流时，管道压力、管道出口气液瞬时流量有很大波动。在油气领域，特别是低渗的煤层气领域涉及段塞流的研究并不多见。段塞流的影响因素多，如压差、气液相流体性质及流速、孔裂隙形状及其壁面性质、管径大小、孔裂隙方向甚至温度变化都将影响段塞流。在本节中仅研究压储层渗透率、压差、压裂液表面张力和黏度对段塞流的影响。KCl 是一种能有效抑制水敏的黏土稳定剂，其浓度一般在 1%～2%，本节取 1.5%KCl 溶液作为压裂液基液。选取表面活性剂 AN 来改变表面张力，浓度为 0.05%，选用高分子聚合物聚丙烯酰胺（PAM）改变溶液的黏度。

一、段塞流物理模拟实验系统

用装填煤粉的煤样罐模拟煤层气储层，用高压氮气瓶内的氮气作为驱替气体，用稳压减压阀控制驱替压力，通过气水分离装置将从煤样罐产出的气液两相流体进行分离，用气体流量计记录气体流量，用液体流量计记录液体流量，见图 6.17。需要注意的是，煤样罐出口处不是在模拟井筒，出口处依然在储层内，该实验装置仅模拟排采过程中储层的一个微小部分。

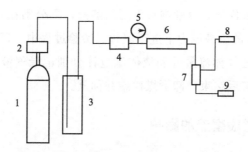

图 6.17　煤储层段塞流物理模拟实验装置

1—高压氮气瓶；2—稳压减压阀；3—气体加湿器；4—滤器；5—压力表；
6—煤样罐；7—气水分离装置；8—气体流量计；9—液体流量计

（一）煤样制备

由于煤具有强烈的非均质性，难以制作出完全相同的平行样品，因此通过煤样罐装填煤粉制作煤样。将我国中部某区块 1 号煤层段块煤粉碎后，用 80 目和 200 目的筛子筛取 80～200 目煤粉和－200 目的煤粉，所有实验需要的煤粉均在相同条件下破碎和筛取，保证实验的稳定性和准确性。将煤样干燥后，80～200 目与－200 目的煤粉分别按照 1∶1、1∶2、1∶3、1∶4 混合均匀，分别装入样品袋备用。

（二）实验步骤

第一步：装填煤样。实验时每次从样品袋内取出一勺煤粉（每勺 5g）放入煤样罐，使用特制力学锤（锤重 134.86g、落距 48cm）锤击 50 次，将煤粉夯实，循环执行上述操作直至煤样罐内装填高度为 20cm 并称重。

第二步：渗透率测试。装填煤样后，在煤样罐两端装入透气板，安装上法兰盘并连接到渗透率测试装置上，进行渗透率测试。测试过程中，通过减压稳压阀控制氮气驱替压力，采用气体压力传感器读取气体进口压力值，出口压力为 0.101325MPa（1atm），通过电子流量计读取气体稳定流量，用于煤样罐内干燥样品气相渗透率的计算。

第三步：强制饱和。将煤样罐放入装有压裂液的器皿内，保证溶液液面没过煤样罐，再将器皿放入真空抽气装置进行强制饱和，直至器皿内无气泡冒出，取出煤样罐并称重，安装透气板和法兰盘并连接到段塞流实验装置上。

第四步：非稳态驱替。对四种混合比例的煤粉，锤击相同的次数，可以制成不同渗透率的煤样，每次装填样品后都需要进行气相渗透率测试和强制溶液饱和。同一渗透率条件下，分别饱和不同的溶液，再分别在 0.3MPa、0.4MPa、0.5MPa 和 0.6MPa 的驱替压力下进行驱替。实验过程中，通过减压稳压阀控制氦气驱替压力，通过气体流量计和液体流量计分别记录气液瞬时流量，实验在煤样达到束缚水状态后结束，卸下煤样罐并称重。

二、渗透率对段塞流的影响

通过不同混合比例的 80～200 目煤粉和－200 目煤粉可以制作不同渗透率的干燥煤样，将装好煤样的煤样罐连接在段塞流实验系统上，通过稳压减压阀改变通入氦气的压力并记录出口处气体流量可以计算渗透率，四个压力分别为 0.3MPa、0.4MPa、0.5MPa 和 0.6MPa，求平均值以减小渗透率误差，干燥煤样的气体渗透率计算公式为：

$$v = \frac{k(p_1^2 - p_2^2)}{2p_0 \mu L} \tag{6.15}$$

式中，v 为气体流速，m/s；k 为渗透率，mD；p_0 为大气压力，101325Pa；μ 为气体黏度，Pa·s；p_1 为入口压力，Pa；p_2 为出口压力，Pa；L 为气体流经长度，m。

80～200 目与－200 目的煤粉分别按照 1∶4、1∶3、1∶2、1∶1 混合制作的煤样渗透率为 41mD、73mD、101mD、145mD（表6.4）。

表6.4 不同混合比例煤粉制作煤样的氦气渗透率

80～200 目∶－200 目	1∶4	1∶3	1∶2	1∶1
氦气渗透率/mD	41	73	101	145

制作渗透率为 41mD、73mD、101mD、145mD 的煤样各四个，均用 1.5% KCl 溶液进行饱和，每种渗透率的煤样分别在 0.3MPa、0.4MPa、0.5MPa 和 0.6MPa 压力下进行驱替，记录驱替过程中气液相流量的变化。

当驱替压力为 0.3MPa（图6.18），在煤样渗透率为 41mD 时，随着单相水流阶段结束，气相流量相对均匀增加，当饱和度为 49% 时，气相流量有一个明显降低过程，但迅速恢复，液相流量在饱和度为 50% 左右时有轻微波动，但此时气相流量基本没有波动，则此次实验中基本没有段塞流形成；当煤样渗透率为 73mD 时，气液相流量均出现轻微的波动并且有相互影响的现象，则此次实验有轻微段塞流现象；当煤样渗透率为 101mD 时，气液相流量波动幅度增大，段塞流现象更加明显；当煤样渗透率为 145mD 时，在整个气液两相流过程中，气液相流量基本处于剧烈波动中，并且波动幅度非常大，即此次实验段塞流现象非常严重。四个不同渗透率煤样的段塞流实验单相水流阶段液相流量变化趋势基本一致，均处于流量增速逐渐增大的过程中。随着渗透率增大，单相水流阶段液相流速最大值逐渐增大，分别为 0.44843cm/s、0.804589cm/s、1.216545cm/s、1.501502cm/s，气水两相流阶段气相流速最大值即束缚水状态下的气相流速也逐渐增大，分别为 1.39557cm/s、2.612355cm/s、6.441224cm/s、13.00136cm/s，随着渗透率的增加，气液相流速均增大。

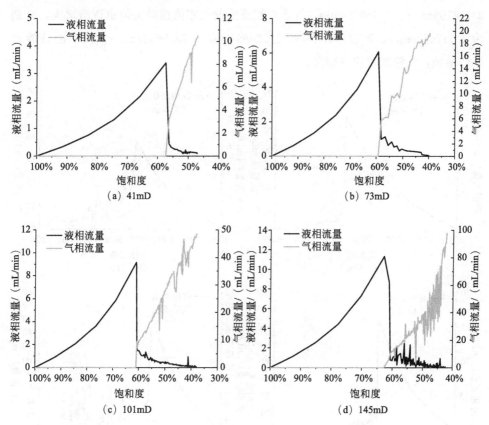

图 6.18　使用 1.5％KCl 溶液进行饱和时在 0.3MPa 驱替
压力下不同渗透率的气液相流量变化图

当驱替压力为 0.5MPa（图 6.19），在煤样渗透率为 41mD 时，气相流量仅有很轻微的波动；当煤样渗透率为 73mD 时，气液流量变化加剧，气液相流量规律性波动并且呈现一方增大另一方减小的态势，是典型的段塞流；煤样渗透率为 101mD 时，在整个气液两相流阶段，气液相流量均处于波动之中（因为液相流量最大值，即单相水流结束时液相流量为 15.94mL/min，气水两相流阶段后期液相流量虽然波动，但是数值太小，在图中不易显现），则此次实验段塞流现象比较剧烈。在煤样渗透率为 145mD 时，在气水两相流阶段初期并没有段塞流现象，因为此时饱和度依旧较高，出气较少，出水较多，紧接着出现气液相流量急剧变化，并且变化幅度非常大，段塞流现象非常严重。四个实验单相水流阶段液相流量变化趋势基本一致，均处于流量增速逐渐增大的过程中。随着渗透率增大，单相水流阶段液相流速最大值逐渐增大，分别为 0.856302cm/s、1.089325cm/s、2.114165cm/s、2.45098cm/s，气水两相流阶段气相流速最大值也逐渐增大，分别为 4.117647cm/s、7.324841cm/s、19.06694cm/s、23.96313cm/s，说明随着渗透率的增加，气液相流速均增大。

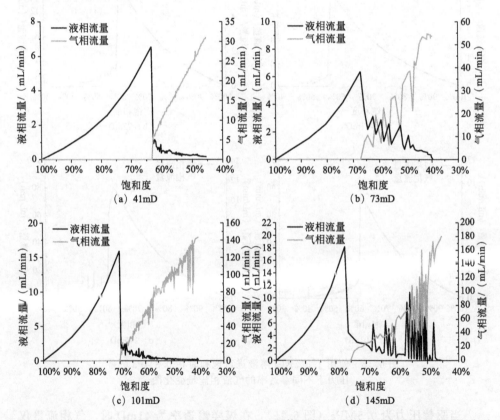

图 6.19　使用 1.5%KCl 溶液进行饱和时在 0.5MPa 驱替压力下不同渗透率的气液相流量变化图

对不同渗透率的煤样进行段塞流实验，驱替过程中的气液相流量变化表明，随着渗透率的增高，段塞流更容易形成并且更加剧烈。渗透率增加的原因是煤样中的 80～200 目的煤粉增加，则渗透率越高，煤样中的较大孔隙将会增多，随着孔隙直径增大，液体所受的阻力减小，在同样的驱替压力下，液体的流速将会更大，Kelvin-Helmholtz 不稳定效应随之增强，"最危险波"更容易形成，使段塞流更加严重。

另一方面，当驱替压力为 0.3MPa 时（表 6.5，图 6.20），在单相水流阶段，41mD、73mD、101mD、145mD 四种渗透率煤样的饱和溶液量依次增加，分别为 33.1mL、33.7mL、34mL 和 34.6mL；单相水流阶段的时间依次变短，分别为 1053s、402s、285s、181s；单相水流阶段产液量依次降低，分别为 14.1348mL、13.7476mL、13.2353mL、12.8586mL；剩余液量依次增加，分别为 18.9652mL、19.9524mL、20.7657mL、21.7435mL。

表 6.5　使用 1.5%KCl 溶液进行饱和时在 0.3MPa 驱替压力下
不同渗透率煤样的段塞流实验结果

渗透率/mD	单相水流时间/s	饱和溶液量/mL	单相水流液量/mL	剩余液量/mL
41	1053	33.1	14.1348	18.9652
73	402	33.7	13.7476	19.9524
101	285	34	13.2353	20.7647
145	181	34.6	12.8565	21.7435

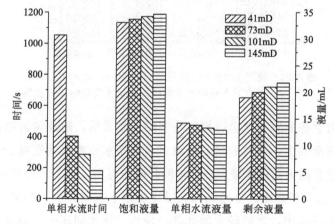

图 6.20　使用 1.5%KCl 溶液进行饱和时在 0.3MPa 驱替压力下
不同渗透率煤样的段塞流实验结果柱状图

当驱替压力为 0.5MPa 时（表 6.6，图 6.21），在单相水流阶段，41mD、73mD、101mD、145mD 四种渗透率煤样的饱和溶液量依次增加，分别为 33mL、33.6mL、34mL 和 34.7mL；单相水流阶段的时间依次变短，分别为

227s、186s、151s、115s；单相水流阶段产液量依次降低，分别为 13.2367mL、12.2256mL、10.1222mL、8.7106mL；剩余液量依次增加，分别为 19.7633mL、21.3744mL、23.9778mL、25.9894mL。

表 6.6　使用 1.5％KCl 溶液进行饱和时在 0.5MPa 驱替压力下不同渗透率煤样的段塞流实验结果

渗透率/mD	单相水流时间/s	饱和溶液量/mL	单相水流液量/mL	剩余液量/mL
41	227	33	13.2367	19.7633
73	186	33.6	12.2256	21.3744
101	151	34	10.1222	23.9778
145	115	34.7	8.7106	25.9894

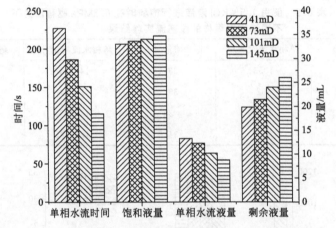

图 6.21　使用 1.5％KCl 溶液进行饱和时在 0.5MPa 驱替压力下不同渗透率煤样的段塞流实验结果柱状图

　　两种压力驱替下的不同渗透率的段塞流实验表明，随着渗透率的增高，单相水流时间逐渐减少，饱和液量逐渐增多，单相水流液量逐渐减少，剩余液量逐渐增多。这是因为在煤样罐内装填相同高度的煤粉，也就是煤样的体积相同，装填的－200 目煤粉越多，渗透率和孔隙度也越小，则其饱和的液量也将越少。渗透率较大的煤样中，直径较大的孔隙也较多，在相同压力的驱替下，渗透率较大煤样进气端的氦气更容易沿着相连通的较大孔隙前进，则渗透率较大煤样出气早，即单相水流时间短，单相水流阶段产出的液量也较少，则剩余在煤样中的液量较多，更多的液量需要在气水两相流阶段产出，则在气水两相流阶段更容易形成段塞流。

三、表面张力对段塞流的影响

通过加入表面活性剂 AN 可以获得不同表面张力的溶液，配制 1.5％KCl 溶液和 1.5％KCl 溶液＋0.05％AN 溶液并测其表面张力和对我国中部某区块煤样的接触角。

选取我国中部某区块 1 号煤层段的块煤，将煤块破碎成－200 目煤粉，用769YP-24B 手动压片机在 12MPa 的压力下压制成直径 20mm、厚度为 1mm 的煤片。使用 JC2000D 型接触角测量仪（表面张力测量范围 $1\times10^{-2}\sim2\times10^{3}$mN/m，分辨率 0.05mN/m），采用悬滴法分别对 2 种溶液进行表面张力测试。随后，将压制好的煤片依次放置于接触角测量仪的测试台上，分别使 2 种液体与煤片接触，用量角法测量液体与煤样间接触角。

两种溶液的表面张力和接触角测试结果为：1.5％KCl 溶液和 1.5％KCl 溶液＋0.05％AN 溶液的表面张力分别为 71.412mN/m、25.907mN/m，其对我国中部某区块 1 号煤层段煤的接触角分别为 75°和 34.5°（表 6.7），表面活性剂AN 可以将表面张力降低约 2/3，将溶液对我国中部某区块 1 号煤层段的接触角降低约 1/2，效果明显。

表 6.7　表面张力与接触角测试结果

测试溶液	表面张力/(mN/m)	接触角/(°)
1.5％KCl 溶液	71.412	75
1.5％KCl 溶液＋0.05％AN 溶液	25.907	34.5

渗透率越大，驱替过程中越容易产生段塞流，为了反映表面张力对段塞流的影响，选用渗透率为 101mD 和 145mD 的煤样进行实验。将两个渗透率为101mD 的煤样分别使用 1.5％KCl 溶液和 1.5％KCl 溶液＋0.05％AN 溶液进行饱和，将两个渗透率为 145mD 的煤样也分别使用 1.5％KCl 溶液和 1.5％KCl 溶液＋0.05％AN 溶液进行饱和。这四个饱和溶液的煤样均在 0.6MPa 压力下进行驱替。

当煤样渗透率为 101mD 时（图 6.22），使用 1.5％KCl 溶液进行饱和的煤样在气水两相流阶段的气液相流量急剧波动，呈现严重的段塞流现象；而使用1.5％KCl 溶液＋0.05％AN 溶液进行饱和的煤样在气水两相流阶段的气液相流量变化非常平滑，没有形成段塞流。两个实验单相水流阶段液相流量变化趋势基本一致，均处于流量增速逐渐增大的过程中。随着表面张力减小，单相水流阶段液相流速最大值略微减小，分别为 2.785515cm/s、2.002342cm/s，气水两相流阶段气相流速最大值略微增加，分别为 26.82783cm/s、28.65229cm/s，束缚水状态饱和度分别约为 45.6%、40.2%。

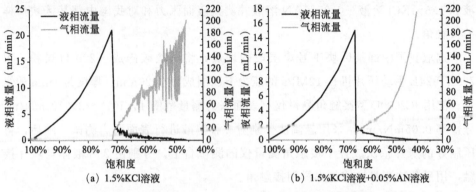

图 6.22　渗透率为 101mD 时使用不同溶液进行饱和
在 0.6MPa 驱替压力下的气液相流量变化

当煤样渗透率为 145mD 时（图 6.23），使用 1.5%KCl 溶液进行饱和的煤样在气水两相流阶段的前期（即溶液饱和度较高时）并没有形成段塞流，但紧接着气液相流量急剧波动并且波动幅度非常大，段塞流现象非常严重；而使用 1.5%KCl 溶液＋0.05%AN 溶液进行饱和的煤样在气水两相流阶段气液相流量依然有波动，存在段塞流现象，但相较于使用 1.5%KCl 溶液进行饱和的煤样，段塞流的剧烈程度降低。两个实验单相水流阶段液相流量变化趋势基本一致，均处于流量增速逐渐增大的过程中。随着表面张力减小，单相水流阶段液相流速最大值减小，分别为 3.030303cm/s、2.500001cm/s，气水两相流阶段气相流

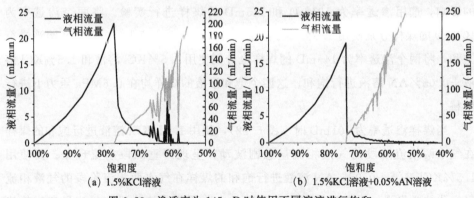

图 6.23　渗透率为 145mD 时使用不同溶液进行饱和
在 0.6MPa 驱替压力下的气液相流量变化

速最大值增加，分别为26.54094cm/s、33.84715cm/s，束缚水状态饱和度分别约为54.9％、52.3％。

通过降低表面张力能有效抑制段塞流的产生，降低段塞流的剧烈程度。因为加入表面活性剂AN能够有效降低表面张力和接触角，增加了煤样的润湿性，则溶液在孔隙内贴紧孔隙壁底部，使溶液在孔隙内难以起塞，有效减少"最危险波"的形成，进而抑制了液塞流的形成。另一方面，在单相水流阶段，对于煤样罐进气端到单相水流尾部的气液运移通路而言，低表面张力溶液容易从较小孔隙中运移到此通路中，所以此通路中溶液多，溶液所受阻力必然比氦气大，则此通路压降大，单相水流流速低。由于低表面张力压裂液容易从孔隙中产出，所以使用低表面张力压裂液进行饱和的煤样在驱替过程中产出的总液量多，束缚水状态饱和度低，则束缚水状态气相流速增大。

另一方面，相同煤粉制作的两个煤样的渗透率相同，可以认为二者的孔隙度、孔隙大小和孔隙分布几乎相同。对两个渗透率为101mD的煤样分别使用1.5％KCl溶液与1.5％KCl溶液＋0.05％AN溶液进行段塞流实验（表6.8，图6.24），

表6.8　使用不同溶液进行饱和时煤样的段塞流实验结果
（渗透率为101mD，驱替压力为0.6MPa）

溶液	单相水流时间/s	饱和液量/mL	单相水流液量/mL	剩余液量/mL
1.5％KCl溶液	125	34	9.6486	24.3514
1.5％KCl溶液＋0.05％AN溶液	167	34	11.8092	22.1908

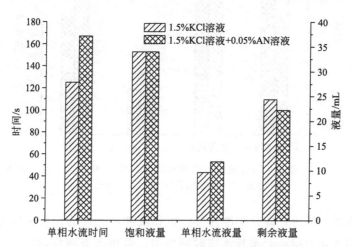

图6.24　使用不同溶液进行饱和时煤样的段塞流实验结果柱状图
（渗透率为101mD，驱替压力为0.6MPa）

两个煤样饱和溶液量均为 34mL；1.5%KCl 溶液＋0.05%AN 溶液表面张力小，在相同压力驱动下，使用 1.5%KCl 溶液进行饱和的煤样比使用 1.5%KCl 溶液＋0.05%AN 溶液进行饱和的煤样在单相水流阶段排出的液量少，分别为 9.6486mL 和 11.8092mL；剩余液量分别为 24.3514mL 和 22.1908mL。

两个渗透率为 145mD 的煤样分别使用 1.5%KCl 溶液与 1.5%KCl 溶液＋0.05%AN 溶液进行饱和后进行段塞流实验（表 6.9，图 6.25），两个煤样饱和溶液量均为 34.6mL；1.5%KCl 溶液＋0.05%AN 溶液表面张力小，在相同压力驱动下，使用 1.5%KCl 溶液进行饱和的煤样比使用 1.5%KCl 溶液＋0.05%AN 溶液进行饱和的煤样在单相水流阶段排出的液量少，分别为 7.9895mL 和 8.8444mL；剩余液量分别为 26.6105mL 和 24.7556mL。

表 6.9　使用不同溶液进行饱和时煤样的段塞流实验结果
（渗透率为 145mD，驱替压力为 0.6MPa）

溶液	单相水流时间 /s	饱和液量 /mL	单相水流液量 /mL	剩余液量 /mL
1.5%KCl 溶液	101	34.6	7.9895	26.6105
1.5%KCl 溶液＋0.05%AN 溶液	106	34.6	8.8444	24.7556

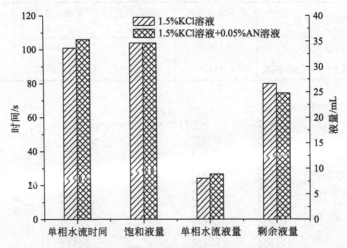

图 6.25　使用不同溶液进行饱和时煤样的段塞流实验结果柱状图
（渗透率为 145mD，驱替压力为 0.6MPa）

当渗透率一样时，即孔隙度相等，饱和液量是一样的。在相同的驱替压力下，随着表面张力减小，单相水流时间增加，单相水流液量增加。这是因为表面张力减小之后，毛管压力减小，饱和在煤样中的溶液更容易产出，使用低表面张力溶液进行饱和的煤样在单相水流阶段产出的液量就多。单相水流阶段产出液量越多，留待气水两相流阶段产出的液量就越少，则在气水两相流阶段难以形成段塞流。

四、压差对段塞流的影响

用 4 个渗透率为 101mD 的煤样均使用 1.5％KCl 溶液进行饱和，分别在 0.3MPa、0.4MPa、0.5MPa 和 0.6MPa 压力下进行驱替，实验过程中的气液相流量变化表明，随着驱替压力的增大，段塞流更容易形成且更加剧烈（图 6.26）。当驱替压力为 0.3MPa 时，气液相流量有轻微的波动，说明有轻微段塞流现象；当驱替压力为 0.4MPa 时，气液相流量波动的频率和幅度均增大，说明段塞流的剧烈程度开始增强；当驱替压力为 0.5MPa 时，段塞流的剧烈程度更加严重；当驱替压力为 0.6MPa 时，气液相流量在气液两相流阶段均处于持续的波动之中并且波动幅度非常大，说明段塞流的剧烈程度非常严重。四次实验的单相

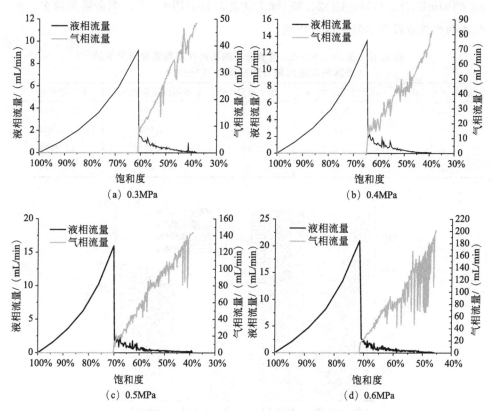

图 6.26　渗透率为 101mD，使用 1.5％KCl 溶液进行饱和
时在不同压力下的气液相流量变化图

水流阶段，液相流量变化趋势基本一致，均处于流量增速逐渐增大的过程中。随着渗透率增大，单相水流阶段液相流速最大值逐渐增大，分别为 1.216545cm/s、1.785714cm/s、2.114165cm/s、2.785515cm/s，气水两相流阶段气相流速最大值也逐渐增大，分别为 6.441224cm/s、10.94233cm/s、19.06693cm/s、26.82783cm/s，说明随着渗透率的增加，气液相流速均增大。这是因为造成段塞流的能量来自于驱替压力，驱替压力越高，气体和液体的流速越快，界面波越容易生长，则更容易形成段塞流。

四个煤样渗透率均为 101mD，则其孔隙度基本一致，均使用了 34mL 的1.5%KCl 溶液进行饱和，分别在 0.3MPa、0.4MPa、0.5MPa 和 0.6MPa 的压力驱替下，单相水流时间依次减少，分别为 285s、219s、151s、125s；单相水流阶段排出的液量依次减少，分别为 13.2353mL、11.9507mL、10.1222mL、9.6486mL；单相水流结束后煤样中的剩余液量依次增多，分别为 20.7674mL、22.0493mL、23.8778mL、24.3514mL（表 6.10，图 6.27），剩余液量越多，在气水两相流阶段更容易形成段塞流。

表 6.10　使用 1.5%KCl 溶液进行饱和时在不同驱替压力下的
段塞流实验结果（渗透率为 101mD）

驱替压力/MPa	单相水流时间/s	饱和液量/mL	单相水流液量/mL	剩余液量/mL
0.3	285	34	13.2353	20.7647
0.4	219	34	11.9507	22.0493
0.5	151	34	10.1222	23.8778
0.6	125	34	9.6486	24.3514

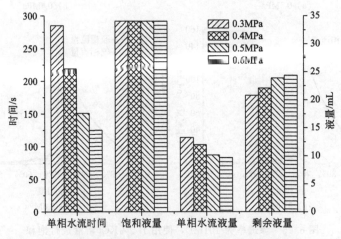

图 6.27　使用 1.5%KCl 溶液进行饱和时在不同驱替压力下的
段塞流实验结果柱状图（渗透率为 101mD）

五、黏度对段塞流的影响

为了研究黏度对段塞流的影响，配制 1.5％KCl 溶液、1.5％KCl 溶液＋0.03％PAM（聚丙烯酰胺）溶液、1.5％KCl 溶液＋0.05％PAM 溶液，使用 NDJ-8S 旋转黏度计（黏度测量范围 1～600000mPa·s，精度±1.0％）对 3 种液体进行黏度实验，黏度实验步骤如下：

（1）配制 3 种测试液体，在气温基本相同时进行黏度实验，减小温度对黏度的影响。

（2）每次将 25mL 溶液用 50mL 针管加入黏度计的储液罐，PAM 溶液要充分搅拌，针管要插入液面 4cm 吸取液体，防止聚丙烯酰胺沉淀在烧杯的底部，导致吸取的溶液是上部聚丙烯酰胺较少的液体造成黏度测量不准确。

（3）选用 0 号转子，转速为自动，启动黏度计，待黏度计读数稳定后记录黏度值，如果转子转速与黏度不匹配将无法测量黏度值，此时应换用 1～4 号转子直至能稳定读数。每种液体应测试三次取平均值减小误差。

1.5％KCl 溶液、1.5％KCl 溶液＋0.03％PAM 溶液和 1.5％KCl 溶液＋0.05％PAM 溶液的黏度依次增大，见表 6.11。

表 6.11　3 种溶液黏度实验结果

实验溶液	黏度/(mPa·s)
1.5％KCl 溶液	1.017
1.5％KCl 溶液＋0.03％PAM 溶液	2.013
1.5％KCl 溶液＋0.05％PAM 溶液	2.496

用 6 个渗透率为 101mD 的煤样分别使用 1.5％KCl 溶液、1.5％KCl 溶液＋0.03％PAM 溶液、1.5％KCl 溶液＋0.05％PAM 溶液进行饱和，再分别在 0.3MPa 和 0.4MPa 压力下进行段塞流实验。

在驱替压力为 0.3MPa 时（图 6.28），当使用 1.5％KCl 溶液进行饱和，即溶液的黏度为 1.017mPa·s 时，在气水两相流阶段气液相流量有波动变化，证明有段塞流产生；当使用 1.5％KCl 溶液＋0.03％PAM 溶液进行饱和，即溶液的黏度为 2.013mPa·s 时，气液相流量仅在气水两相流阶段初期有轻微波动，则此次实验有轻微段塞流现象；当使用 1.5％KCl 溶液＋0.05％PAM 溶液进行饱和，即溶液的黏度为 2.496mPa·s 时，气相流量没有波动产生，液相流量轻微波动，气液相流量之间没有明显影响关系，则此次实验没有段塞流产生。三个实验单相水流阶段液相流量变化趋势基本一致，均处于流量增速逐渐增大的过程中。随着溶液黏度增大，单相水流阶段液相流速最大值逐渐减小，分别为1.216545cm/s、0.542594cm/s、0.387544cm/s，气水两相流阶段气相流速最大值基本不变，分别为6.441399cm/s、6.012586cm/s、6.497669cm/s。

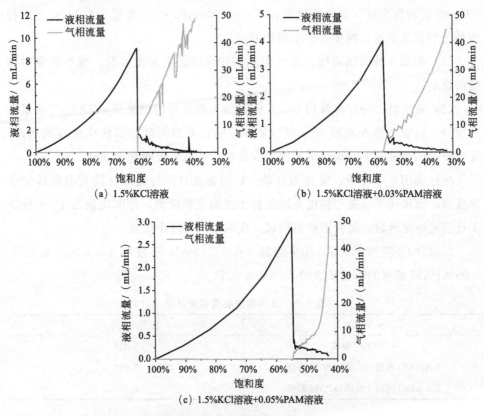

图 6.28　渗透率为 101mD 时使用不同黏度溶液进行饱和在
0.3MPa 驱替压力下的气液相流量变化图

在 0.4MPa 压力驱替下（图 6.29），当使用 1.5%KCl 溶液进行饱和时，即溶液的黏度为 1.017mPa·s 时，在气水两相流阶段气液相流量波动频率和幅度均较大，段塞流现象比较严重；当使用 1.5%KCl 溶液＋0.03%PAM 溶液时，即溶液的黏度为 2.013mPa·s 时，从气液两相流阶段开始到饱和度为 50% 时，气液相流量有相互影响的波动变化，但是波动幅度比较小，则此次实验有轻微段塞流现象；当使用 1.5%KCl 溶液＋0.05%PAM 溶液时，即溶液的黏度为 2.496mPa·s 时，气相流量基本没有波动产生，液相流量轻微波动，气液相流量之间没有明显影响关系，则此次实验没有段塞流产生。三个实验单相水流阶段液相流量变化趋势基本一致，均处于流量增速逐渐增大的过程中。随着溶液黏度增大，单相水流阶段液相流速最大值逐渐减小，分别为 1.785714cm/s、0.818331cm/s、0.520562cm/s，气水两相流阶段气相流速最大值基本不变，分别为 10.94233cm/s、10.35648cm/s、10.32994cm/s。

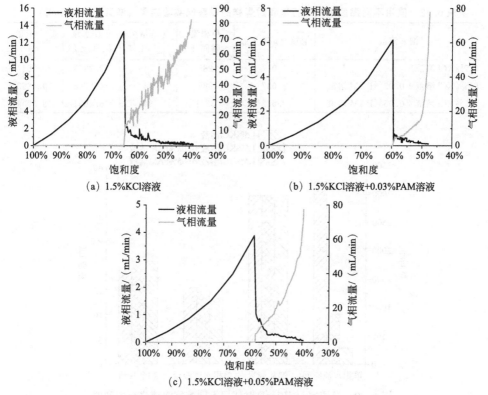

图 6.29　渗透率为 101mD 时使用不同黏度溶液进行饱和时在
0.4MPa 驱替压力下的气液相流量变化图

通过增加溶液的黏度能够有效抑制段塞流的形成和剧烈程度，这是因为当溶液的黏度增加，液体在煤样孔隙中运移的阻力增大，煤样罐中的压降增大，单相水流阶段的液相流速和气水两相流阶段前期的气液相流速均减小，则 Kelvin-Helmholtz 不稳定性减小，段塞流难以形成。随着液体的产出，黏度较高的 1.5％KCl 溶液＋0.03％PAM 溶液或 1.5％KCl 溶液＋0.05％PAM 溶液的煤样的气液相流速逐渐增加，与使用 1.5％KCl 溶液进行饱和的煤样的气液相流速趋于一致，即使用 PAM 增加黏度并不会导致束缚水阶段气相渗透率降低。

当驱替压力为 0.3MPa（表 6.12，图 6.30），三个煤样分别使用 1.5％KCl 溶液、1.5％KCl 溶液＋0.03％PAM 溶液、1.5％KCl 溶液＋0.05％PAM 溶液

进行饱和，段塞流实验单相水流阶段时间急剧增加，分别为 285s、885s、3221s；渗透率一样，则孔隙度一样，饱和液量均为 34mL；单相水流阶段产出液量依次增加，分别为 13.2353mL、14.5738mL、15.4091mL；单相流结束后剩余在煤样中的液量逐渐减少，分别为 20.7647mL、19.4262mL、18.5909mL。

表 6.12　使用不同黏度溶液进行饱和时煤样的段塞流实验结果（渗透率为 101mD）

饱和溶液	黏度/(mPa·s)	单相流时间/s	饱和液量/mL	单相水流液量/mL	剩余液量/mL
1.5%KCl 溶液	1.017	285	34	13.2353	20.7647
1.5%KCl 溶液＋0.03%PAM 溶液	2.037	885	34	14.5738	19.4262
1.5%KCl 溶液＋0.05%PAM 溶液	2.513	3221	34	15.4091	18.5909

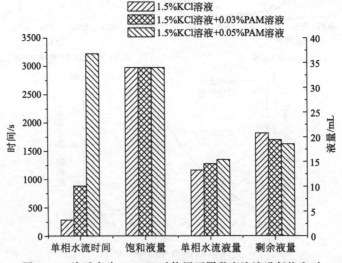

图 6.30　渗透率为 101mD 时使用不同黏度溶液进行饱和时在 0.3MPa 驱替压力下的段塞流实验结果

当驱替压力为 0.4MPa（表 6.13，图 6.31），三个煤样分别使用 1.5%KCl 溶液、1.5%KCl 溶液＋0.03%PAM 溶液、1.5%KCl 溶液＋0.05%PAM 溶液进行饱和，段塞流实验单相水流阶段时间急剧增加，分别为 219s、695s、1827s；

表 6.13　渗透率为 101mD 时使用不同黏度溶液进行饱和用 0.4MPa 驱替压力的段塞流实验结果

饱和溶液	黏度/(mPa·s)	单相流时间/s	饱和液量/mL	单相水流液量/mL	剩余液量/mL
1.5%KCl 溶液	1.017	219	34	11.9507	22.0493
1.5%KCl 溶液＋0.03%PAM 溶液	2.037	695	34	13.7524	20.2476
1.5%KCl 溶液＋0.05%PAM 溶液	2.512	1827	34	14.2719	19.7281

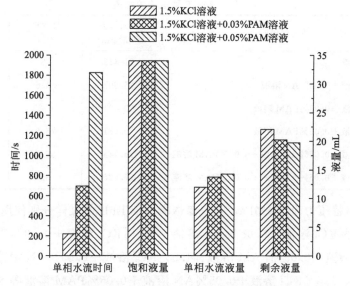

图 6.31　渗透率为 101mD 时使用不同黏度溶液进行饱和时
在 0.4MPa 驱替压力下的段塞流实验结果

渗透率一样，则孔隙度一样，饱和液量相同，均为 34mL；单相水流阶段产出液量依次增加，分别为 11.9507mL、13.7524mL、14.2719mL；单相流结束后剩余在煤样中的液量逐渐减少，分别为 22.0493mL、20.2476mL、19.7281mL。

随着溶液黏度增高，单相水流时间急剧增加，单相水流液量也逐渐增加，这是因为溶液黏度升高之后，溶液在煤样孔隙中的阻力增大，在相同的驱替压力下，氦气难以通过煤样中相连通的较大孔隙较快到达煤样出气端，则单相水流时间增加；驱替过程越缓慢，氦气将驱替出更多的溶液，则单相水流液量增加，剩余液量减少，在气水两相流阶段不易形成段塞流。

六、黏度和表面张力对段塞流的共同影响

为了研究黏度和表面张力对段塞流的综合影响，测试 1.5％ KCl 溶液、1.5％KCl 溶液＋0.05％ AN 溶液、1.5％KCl 溶液＋0.03％PAM 溶液、1.5％KCl 溶液＋0.05％PAM 溶液、1.5％KCl 溶液＋0.05％AN 溶液＋0.03％ PAM 溶液和 1.5％KCl 溶液＋0.05％AN 溶液＋0.05％PAM 溶液共 6 种溶液的表面张力、接触角和黏度，测试方法在前文中已经提到。测试结果见表 6.14。

表6.14 6种溶液的性质

被测试溶液	表面张力 /(mN/m)	接触角 /(°)	黏度 /(mPa·s)
1.5%KCl溶液	71.412	75	1.008
1.5%KCl溶液+0.05%AN溶液	25.907	34.5	1.014
1.5%KCl溶液+0.03%PAM溶液	70.424	76.25	2.013
1.5%KCl溶液+0.05%PAM溶液	69.081	75.5	2.496
1.5%KCl溶液+0.05%AN溶液+0.03%PAM溶液	26.745	36.5	2.037
1.5%KCl溶液+0.05%AN溶液+0.05%PAM溶液	27.025	35	2.512

设置驱替压力为0.4MPa，六个渗透率为101mD的煤样分别使用1.5%KCl溶液、1.5%KCl溶液+0.05%AN溶液、1.5%KCl溶液+0.03%PAM溶液、1.5%KCl溶液+0.05%PAM溶液、1.5%KCl溶液+0.05%AN溶液+0.03%PAM溶液、1.5%KCl溶液+0.05%AN溶液+0.05%PAM溶液等6种溶液进行饱和。对比六次段塞流实验可以明显发现（图6.32），使用1.5%KCl溶液进行饱和的煤样在气水两相流阶段有明显的段塞流发生；在1.5%KCl溶液中加入0.05%的表面活性剂AN，在溶液黏度基本没有变化的情况下，降低了溶液的表面张力和溶液对煤样的接触角，可以有效抑制段塞流的形成，气液相流量在气水两相流阶段几乎是平滑变化，没有波动；在1.5%KCl溶液中加入0.03%的PAM，此时溶液的表面张力和溶液对煤样的接触角基本没有变化，但是黏度上升约一倍，可以明显发现段塞流受到了抑制，气水两相流阶段气液相流量只有轻微波动，段塞流非常轻微；在1.5%KCl溶液中加入0.05%的PAM，此时溶液的表面张力和溶液对煤样的接触角基本没有变化，但是黏度约为1.5%KCl溶液的2.5倍，并且比1.5%KCl溶液+0.03%PAM溶液高0.483mPa·s，可以明显发现段塞流进一步受到了抑制，气水两相流阶段液相流量波动的幅度相较于饱和1.5%KCl溶液+0.03%PAM溶液明显降低，同样对段塞流有抑制作用；在1.5%KCl溶液中加入0.05%AN溶液和0.03%PAM溶液，通过其段塞流实验可以明显发现气水两相流阶段仅有几个波动，抑制段塞流的效果比1.5%KCl溶液+0.03%PAM溶液和1.5%KCl溶液+0.05%PAM溶液更好，但是仍不如1.5%KCl溶液+0.05%AN溶液；而1.5%KCl溶液+0.05%AN溶液+0.05%PAM溶液的抑制段塞流效果几乎和1.5%KCl溶液+0.05%AN溶液相同。

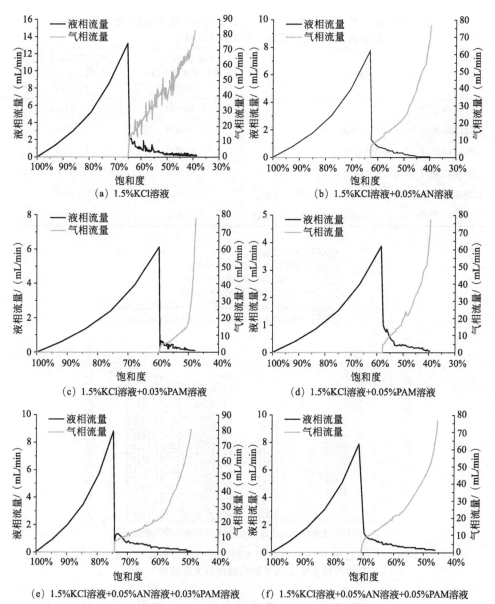

图 6.32　渗透率为 101mD 时使用不同溶液进行饱和在 0.4MPa
驱替压力下的气液相流量变化图

　　在 6 次段塞流实验的单相水流阶段，其最大流速分别为 1.785714cm/s、
1.030928cm/s、0.818331cm/s、0.520562cm/s、1.176471cm/s、1.02459cm/s；气
水两相流阶段的气相流速的最大值分别为 10.94233cm/s、10.19204cm/s、
10.35648cm/s、10.32994cm/s、10.80675cm/s、10.29014cm/s（表 6.15，图 6.33）。

表 6.15　渗透率 101mD 时使用不同溶液进行饱和在 0.4MPa 驱替压力下
段塞流不同实验阶段的最大流速统计结果

溶液	单相水流阶段液相流速最大值/(cm/s)	气水两相流阶段气相流速最大值/(cm/s)
1.5%KCl 溶液	1.785714	10.94233
1.5%KCl 溶液+0.05%AN 溶液	1.030928	10.19204
1.5%KCl 溶液+0.03%PAM 溶液	0.818331	10.35648
1.5%KCl 溶液+0.05%PAM 溶液	0.520562	10.32994
1.5%KCl 溶液+0.05%AN 溶液+0.03%PAM 溶液	1.176471	10.80675
1.5%KCl 溶液+0.05%AN 溶液+0.05%PAM 溶液	1.02459	10.29014

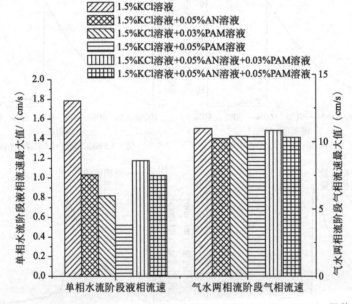

图 6.33　渗透率 101mD 时使用不同溶液进行饱和在 0.4MPa 驱替
压力下段塞流不同实验阶段的最大流速统计图

　　在 6 次段塞流实验过程中，由于渗透率相同，孔隙度基本一致，其饱和溶液量均为 34mL；6 种溶液的段塞流实验的单相水流阶段的时间分别为 219s、310s、695s、1827s、315s、385s；单相水流阶段排出液量分别为 11.9507mL、12.4793mL、13.7524mL、14.2719mL、8.7003mL、9.8175mL；剩余液量分别为 22.0493mL、21.5207mL、20.2476mL、19.7281mL、25.2997mL、24.1825mL。如表 6.16，图 6.34 所示。

表 6.16　渗透率为 101mD 时使用不同溶液进行饱和在 0.4MPa 驱替压力下
煤样的段塞流实验结果

饱和溶液	单相水流时间/s	饱和液量/mL	单相水流阶段排出液量/mL	剩余液量/mL
1.5%KCl 溶液	219	34	11.9507	22.0493
1.5%KCl 溶液+0.05%AN 溶液	310	34	12.4793	21.5207
1.5%KCl 溶液+0.03%PAM 溶液	695	34	13.7524	20.2476
1.5%KCl 溶液+0.05%PAM 溶液	1827	34	14.2719	19.7281
1.5%KCl 溶液+0.05%AN 溶液+0.03%PAM 溶液	315	34	8.7003	25.2997
1.5%KCl 溶液+0.05%AN 溶液+0.05%PAM 溶液	385	34	9.8175	24.1825

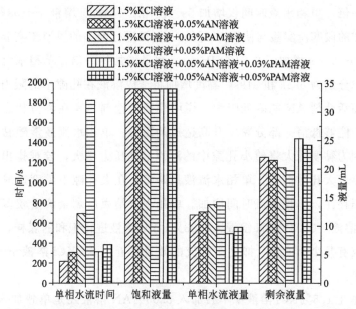

图 6.34　渗透率为 101mD 时使用不同溶液进行饱和在 0.4MPa 驱替
压力下煤样的段塞流实验结果柱状图

　　表面张力和黏度的单独影响已在前文中叙述，使用 1.5%KCl 溶液+0.05%
AN 溶液+0.03%PAM 溶液进行饱和的段塞流实验与使用 1.5%KCl 溶液+
0.03%PAM 溶液进行饱和的段塞流实验相比，表面张力降幅明显，分别为
26.745mN/m 和 70.424mN/m；黏度基本不变，分别为 2.037mPa·s 和 2.013mPa·s；
单相水流阶段排出液量降低，分别为 8.7003mL 和 13.7524mL；单相水流时间
降低，分别为 315s 和 695s；剩余液量增加，分别为 25.2997mL 和 20.2476mL。
这是因为加入表面活性剂 AN 以后，表面张力降低，溶液在通道中所受的阻力

降低，则气驱前缘移动速度较快，单相水流液量和时间都将降低。尽管剩余液量差异较大，反而是剩余液量较多的使用1.5％KCl溶液＋0.05％AN溶液＋0.03％PAM溶液进行饱和的段塞流实验对段塞流的抑制效果更好一些，这说明表面活性剂AN对段塞流的抑制效果非常好。

使用1.5％KCl溶液＋0.05％AN溶液＋0.03％PAM溶液进行饱和的段塞流实验与使用1.5％KCl溶液＋0.05％AN溶液进行饱和的段塞流实验相比，表面张力分别为26.745mN/m和25.907mN/m；黏度分别为2.037mPa·s和1.014mPa·s；单相水流阶段排出液量分别为8.7003mL和12.4793mL；剩余液量分别为25.2997mL和21.5207mL；单相水流时间分别为315s和310s。黏度增加约一倍，单相水流时间仅增加5s。使用1.5％KCl溶液＋0.03％PAM溶液进行饱和的段塞流实验与使用1.5％KCl溶液进行饱和的段塞流实验相比，黏度从1.008mPa·s增加到2.013mPa·s，也是增加约一倍，单相水流时间却大幅度增加，分别为695s和219s，黏度增加将造成溶液在孔隙中的阻力增大，但是加入表面活性剂AN能降低阻力，说明表面活性剂AN在渗流状态下的减阻效果明显，能够抵消一部分黏度升高造成的阻力；单相水流液量随黏度增大而降低，是因为黏度增大将使小孔隙中的溶液启动压力增大，较难排出，则氦气较容易只沿着大孔隙前进，单相水流液量降低；在大孔隙中黏度造成的阻力增加影响依旧存在，单相水流时间增加。单相水流结束后剩余液量较多的是使用1.5％KCl溶液＋0.05％AN溶液＋0.03％PAM溶液进行饱和的煤样，其气水两相流阶段仅有几个小波动，抑制段塞流的效果接近1.5％KCl溶液＋0.05％AN溶液的效果。

无论是在1.5％KCl溶液中单独加入0.05％AN溶液还是单独加入PAM溶液都对段塞流有良好的抑制作用，但是加0.05％AN溶液的效果更好一些；同时加入0.05％AN溶液和PAM溶液对段塞流也有良好的抑制效果，但是1.5％KCl溶液＋0.05％AN溶液＋0.03％PAM溶液的效果不如1.5％KCl溶液＋0.05％AN溶液，1.5％KCl溶液＋0.05％AN溶液＋0.05％PAM溶液的效果只是接近1.5％KCl溶液＋0.05％AN溶液，且单相水流阶段排出的液量比较少，所以不倾向于同时加入表面活性剂AN和高分子聚合物PAM。

七、煤储层段塞流物理模拟实验分析结果

通过段塞流实验装置研究渗透率、压差、溶液表面张力和黏度对段塞流的

影响，得到以下结论：

（1）渗透率对段塞流的影响。随着渗透率增高，煤样对其中流体的阻力变小，单相水流阶段液体移动速度更快，单相水流时间变短，单相水流液量变少，剩余液量更多，在气液两相流阶段更容易形成段塞流；另一方面，流速越快，Kelvin-Helmholtz 不稳定性增强，更容易形成段塞流。

（2）压差对段塞流的影响。随着压差的增大，单相水流阶段液体移动速度更快，单相水流时间变短，单相水流液量变少，剩余液量更多，在气液两相流阶段更容易形成段塞流；另一方面，流速越快，Kelvin-Helmholtz 不稳定性增强，更容易形成段塞流。

（3）表面张力对段塞流的影响。通过加入表面活性剂 AN，可以同时降低表面张力和接触角，单相水流液量增加，单相水流时间增加，剩余液量降低，在气水两相流阶段不容易形成段塞流。另一方面，降低表面张力和接触角可以减少最危险波，抑制段塞流的形成。

（4）黏度对段塞流的影响。通过加入有机高分子聚合物聚丙烯酰胺 PAM，可以提高溶液的黏度，黏度的增大使溶液在孔隙中的阻力增大，单相水流阶段溶液的移动速度变慢，单相水流时间增加，单相水流阶段越缓慢，溶液越容易产出，单相水流液量增加，则剩余液量减少，在气水两相流阶段更难以形成段塞流。另一方面，气水两相流阶段前期饱和度还较高时，由于孔隙通路中高黏度溶液的存在，阻力较大即压降较大，则气液流体的流速较低，Kelvin-Helmholtz 不稳定性较弱，不容易形成段塞流。

（5）表面张力和黏度对段塞流的综合影响。通过加入表面活性剂 AN 和有机高分子聚合物聚丙烯酰胺 PAM，可以降低溶液的表面张力和接触角，增加溶液的黏度。黏度的增大使溶液在孔隙中的阻力增大，而表面活性剂使溶液在孔隙中的阻力减小，其综合影响是溶液在大孔隙中增加的阻力相较于小孔隙中的增加的阻力小得多，但其阻力绝对值仍然较大，单相水流时间增加；小孔隙中的溶液难以产出，单相水流液量减少；剩余液量较多，但由于表面活性剂 AN 的存在，表面张力和接触角较小，有效抑制了段塞流的形成。

第四节　排采过程中段塞流的形成与控制

前面室内试验研究中发现，在煤层气运移产出过程中存在段塞流，并且随着压裂液表面张力的增大、压裂液黏度的减小、生产压差的增大或煤层气储层渗透率的增大，段塞流的发生概率均增大且剧烈程度增强。段塞流的特点[182]是间歇性强、压降高，管道各截面压力和瞬时气液流量波动剧烈，流体流动速度的急剧变化将引起煤层气储层中微粒运移、堵塞喉道，导致渗透率或有效渗透率下降，造成速敏伤害。我国大多数煤层气井排采过程中都出现了较严重的煤粉和支撑剂的产出[183]，这很有可能是煤层气排采过程中存在的段塞流造成的。已经有众多学者对煤层气排采过程中段塞流造成的"煤层吐粉"[184-185]和"速敏伤害"[186]现象进行了研究，发现：煤层吐粉是煤层气排采过程中的常见现象；煤粉的成因与煤的种类、压裂方式和排采有关[187-189]；煤层吐粉会引发煤储层速敏伤害，使得煤储层渗透率下降，进而导致煤层气井低产甚至停产[190]。为此，众多学者对煤层气排采过程中煤粉的运移规律[191]进行了研究，提出了通过合理的排采制度控制煤粉产出的防控措施[192]。但是很少有人对"煤层吐粉"和"速敏伤害"现象产生的根源，即煤层气排采过程中段塞流的形成与控制进行研究。

在早期管道段塞流形成机理[193]的研究中认为，液塞是由有限振幅界面波的发展而形成的。通过进一步研究后认为液塞形成于界面波的局部不稳定性，而不是界面波的整体不稳定性。而有的研究者则怀疑局部 Kelvin-Helmholtz 不稳定性的存在[194]，认为液塞的形成与高、低液位间的能量通量有关。目前，众多的研究者在界面波的不稳定性是液塞形成的基本机理这一点上已达成一致观点，认为水平管中液塞形成的基本机理是界面波的 Kelvin-Helmholtz 不稳定性，当压力变化产生的抽吸力作用于液面，并克服对界面波起稳定作用的重力时，就会发生 Kelvin-Helmholtz 不稳定效应，界面波发展，直至形成液塞[195]。在早期管道段塞流控制方法的研究中，众多的研究者一直认为，管道段塞流可选择合适的管道直径或改善流体的黏度来加以抑制解决[196]。在煤层气领域涉及段塞流形成机理与控制方法的研究并不多见。

段塞流的形成会对煤储层造成严重的速敏伤害，这种伤害可能是造成我国一部分煤层气井在初期高产之后低产甚至停产的主要原因。因此，本节通过理论分析对煤层气储层内段塞流的形成过程进行系统研究，并同时构建煤层气储层段塞流模型，探讨段塞流的形成机制、影响因素和控制方法。

一、段塞流的形成机制

（一）段塞流的形成过程

在煤层气井排采的气水两相流阶段[197]，气相渗透率逐渐增大，液相渗透率逐渐减小，在天然裂缝或人工裂缝内气水两相分层流动 [图 6.35(a)]，符合达西定律。层流的稳定性机理包含两部分：一是重力和表面张力使层流界面趋于稳定；二是分层流体间的相对运动产生的伯努利效应会破坏界面的稳定性。当气相流速变化时，根据伯努利原理可知，储层裂缝内的气相压力也会随之变化，由压力变化产生的负压抽吸力作用于液面，并克服对液面起稳定作用的重力时，液面失稳、起塞、形成波浪流[198] [图 6.35(b)]，当持续生长的不稳定液面在气水两相分层流动界面和裂缝上壁面之间形成液桥时，液塞形成，储层裂缝内发生段塞流 [图 6.35(c)]。

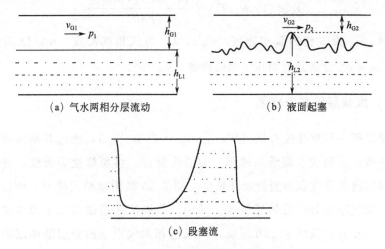

(a) 气水两相分层流动　　　　　　　(b) 液面起塞

(c) 段塞流

图 6.35　煤储层裂缝内气水两相流态

$$p + \frac{1}{2}\rho v^2 + \rho g h = 常数 \tag{6.16}$$

如图 6.35(b) 所示，当作用在波上的负压抽吸力大于重力时，波动增加，层流界面不再稳定，此时气相流速 v_G 为：

$$v_G = \sqrt{\frac{2(\rho_L - \rho_G)g h_{G1}}{\rho_G(h_{G1}/h_{G2})(1 + h_{G1}/h_{G2})}} \tag{6.17}$$

若发生波动时的气体过流截面积分别为 A_{G1} 和 A_{G2}，裂缝的倾角为 θ，此时 v_G 变为：

$$v_G = \sqrt{\frac{2g(\rho_L - \rho_G)\cos\theta(h_{L2} - h_{L1})}{\rho_G} \times \frac{A_{G2}^2}{A_{G1}^2 - A_{G2}^2}} \tag{6.18}$$

当波动较小时，A_{G2} 接近于 A_{G1}，气液界面长度为 S_i，此时 v_G 变为：

$$v_G = K\sqrt{\frac{(\rho_L - \rho_G)g\cos\theta A_{G1}}{\rho_G S_i}} \tag{6.19}$$

$$K = \sqrt{\frac{2(A_{G1}/A_{G2})^2}{1 + A_{G1}/A_{G2}}} \tag{6.20}$$

当裂缝内液位较低时，A_{G2} 接近于 A_{G1}，则 K 接近于 1；当液位较高时，A_{G1} 接近于 0，则 K 接近于 0，于是可以假设 $K = 1 - h_L/D$，此时 v_G 变为：

$$v_G = (1 - h_L/D)\sqrt{\frac{(\rho_L - \rho_G)g\cos\theta A_G}{\rho_G S_i}} \tag{6.21}$$

由此得到煤储层裂缝内层流向段塞流转变的判断准则：

$$u_G \geqslant (1 - h_L/D)\sqrt{\frac{(\rho_L - \rho_G)g\cos\theta A_G}{\rho_G S_i}} \tag{6.22}$$

式中，u_G 为气相的真实速度，m/s；h_G 为气相的高度，m；D 为裂缝缝高，m；ρ_L、ρ_G 分别为液相和气相的密度，kg/m^3。

（二）煤储层段塞流模型

煤储层视为双重孔隙介质（Warren-Root 模型[199]），通过双侧向测井可获得煤储层裂缝孔隙度、裂缝渗透率、裂缝张开度。将裂缝视为圆管，并依据裂缝体积和裂缝张开度获得裂缝展开长度。图 6.36 是段塞单元模型，该段塞单元由液塞、大气泡和分层液体层组成。其中，分层液体层横贯整个段塞单元，液塞和大气泡在分层液体层上方流动，大气泡和大气泡下的分层液体层的流动方式是层流。在流动过程中，如果液塞的速度大于分层液体层的流速（$u_{slug} > u_L$），液塞前段将积聚液体，称为"铲起"；如果大气泡速度大于液塞的速度（$u_G > u_{slug}$），

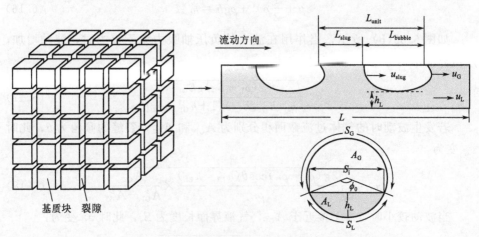

图 6.36 段塞单元模型

液塞在其尾部"泄落"成为分层液体层，如果液塞的"铲起量"小于液塞的"泄落量"，那么液塞将不断衰减直至消失，因此要保持段塞体稳定存在，液塞的"铲起量"必须大于或等于液塞的"泄落量"。

1. 气液两相质量守恒

考虑气液两相质量守恒，则液塞中的液体质量和分层液体层中的液体质量之和应该等于总的液体质量；大气泡中的气体质量等于总的气体质量。

$$u_{SL} = \frac{L_{slug}}{L_{unit}}(1-h_L)u_{slug} + h_L u_L \qquad (6.23)$$

$$u_{SG} = \frac{L_{bubble}}{L_{unit}}(1-h_L)\,u_{slug} \qquad (6.24)$$

气液混合表观速度 u_M 等于气液两相表观速度之和：

$$u_M = u_{SG} + u_{SL} = (1-h_L)u_{slug} + h_L u_L \qquad (6.25)$$

则液塞速度 u_{slug}：

$$u_{slug} = \frac{u_M - h_L u_L}{1-h_L} \qquad (6.26)$$

式中，u_L 为气相、液相的真实速度，m/s；u_{SG}，u_{SL} 分别为气相、液相的表观速度，m/s；u_M 为气液混合表观速度，m/s；u_{slug} 为液塞的速度，m/s；h_L 为分层液体液相的高度，m。

2. 气液两相动量守恒

裂缝内气液两相动量平衡可以用式（6.27）和式（6.28）表达。

$$-A_G\left(\frac{\mathrm{d}p}{\mathrm{d}L_{unit}}\right)_G - \tau_{WG}S_G + \tau_i S_i - \rho_G A_G g\sin\theta = 0 \qquad (6.27)$$

$$-A_L\left(\frac{\mathrm{d}p}{\mathrm{d}L_{unit}}\right)_L - \rho_L g\left(\frac{\mathrm{d}h_L}{\mathrm{d}L_{unit}}\right) - \tau_{WL}S_L + \tau_i S_i - \rho_L A_L g\sin\theta = 0 \qquad (6.28)$$

式中，$\left(\dfrac{\mathrm{d}p}{\mathrm{d}L_{unit}}\right)_G$，$\left(\dfrac{\mathrm{d}p}{\mathrm{d}L_{unit}}\right)_L$ 分别为气相和液相的压力梯度，Pa/m；τ_{WG} 和 τ_{WL} 分别为裂缝壁面对气相和液相流体的壁面切应力，Pa；τ_i 为气液两相界面的切应力，Pa；A_G，A_L 分别为气相和液相流体占据的裂缝横截面积，m^2；S_G，S_L 分别为气相和液相流体的湿壁周长，m；S_i 为气液界面长度，m；θ 为裂缝倾斜角度。各相的湿壁周长分别假设裂缝内流动充分发展，$\mathrm{d}h_L/\mathrm{d}L_{unit} = 0$。裂缝横截面气液两相对应的几何关系如图 6.36 所示。

由于在同一截面处的气液相压力梯度相等，于是可以消去稳态两相动量方程中的压力梯度项，并且忽略液相动量方程中的水力梯度项，得到下列两相动量平衡方程：

$$-\tau_{WG}\frac{S_G}{A_G}+\tau_{WL}\frac{S_L}{A_L}-\tau_i S_i\left(\frac{1}{A_G}+\frac{1}{A_L}\right)+(\tau_{WG}-\tau_{WL})g\sin\theta=0 \qquad (6.29)$$

由模型的几何关系可知，液相流体占据的裂缝横截面积 A_L、气相流体占据的裂缝横截面积 A_G、液相湿壁周长 S_L、气液界面长度 S_i 都可以表示成关于液体高度 h_L 的函数：

$$A_L=0.25\left[\pi-\cos^{-1}(2h_L/D-1)+(2h_L/D-1)\sqrt{1-(2h_L/D-1)^2}\right] \qquad (6.30)$$

$$A_G=0.25\left[\cos^{-1}(2h_L/D-1)-(2h_L/D-1)\sqrt{1-(2h_L/D-1)^2}\right] \qquad (6.31)$$

$$S_L=\pi-\cos^{-1}(2h_L/D-1) \qquad (6.32)$$

$$S_i=\sqrt{1-(2h_L/D-1)^2} \qquad (6.33)$$

对两相流体引入摩擦因子 f_G 和 f_L，并采用传统方式处理流体和壁面的切应力：

$$\begin{cases} \tau_{WG}=0.5f_G\rho_G u_G^2 \\ \tau_{WL}=0.5f_L\rho_L u_L^2 \\ \tau_i=0.5f_i\rho_G(u_G-u_L)^2 \end{cases} \qquad (6.34)$$

液壁和气壁摩擦因子采用 Blasius 类型的表达式：

$$\begin{cases} f_G=C_G\left(\frac{\rho_G u_G D_G}{\mu_G}\right)^{-n_G} \\ f_L=C_L\left(\frac{\rho_L u_L D_L}{\mu_L}\right)^{-n_L} \end{cases} \qquad (6.35)$$

式中，C_G 和 C_L 分别为气相、液相的滑脱系数；n_G 和 n_L 分别为气相、液相的流动行为指数。

裂缝壁面和液体表面构成包围气相的壁面，液相流动被看作是开渠流动。通过下式定义各相的水力直径：

$$\begin{cases} D_G=\frac{4A_G}{S_G+S_i} \\ D_L=\frac{4A_L}{S_L} \end{cases} \qquad (6.36)$$

引入表征各相流动几何参数的无量纲数（表 6.17），将式（6.29）转化为无量纲动量平衡方程：

$$(\widetilde{D}_G\widetilde{u}_G)^{-n_G}\widetilde{u}_G^2\left[\frac{\widetilde{S}_G}{\widetilde{A}_G}+\frac{f_i}{f_G}\left(1-\frac{1}{Q}\frac{\widetilde{u}_L}{\widetilde{u}_G}\right)^2\widetilde{S}_i\left(\frac{1}{\widetilde{A}_G}+\frac{1}{\widetilde{A}_L}\right)\right]$$

$$-\chi^2(\widetilde{D}_G\,\widetilde{u}_G)^{-n_G}\,\widetilde{u}_L^2\,\frac{\widetilde{S}_L}{\widetilde{A}_L}+4Y=0$$

$$\chi^2=\frac{4\dfrac{C_L}{D}\left(\dfrac{u_{SL}D}{u_L}\right)^{-n_L}\rho_L\dfrac{u_{SL}^2}{2}}{4\dfrac{C_G}{D}\left(\dfrac{u_{SG}D}{u_G}\right)^{-n_G}\rho_G\dfrac{u_{SG}^2}{2}}\quad Y=\frac{(\rho_L-\rho_G)g\sin\phi_0}{4\dfrac{C_G}{D}\left(\dfrac{u_{SG}D}{u_G}\right)^{-n_G}\rho_G\dfrac{u_{SG}^2}{2}}\quad \widetilde{Q}=\frac{u_{SG}}{u_{SL}}\quad(6.37)$$

表 6.17　无量纲的流动几何参数

无量纲参数	表达式	无量纲参数	表达式
$h_L^*=h_L/D$	$0.5(1-\cos\phi_0)$	$\widetilde{S}_L=S_L/D$	ϕ_0
$\widetilde{A}=A/D^2$	$\pi/4$	$\widetilde{S}_i=S_i/D$	$\sin(\phi_0)$
$\widetilde{A}_G=A_G/D^2$	$0.25[\pi-\phi_0+0.5\sin(2\phi_0)]$	$\widetilde{D}_G=D_G/D$	$4\widetilde{A}_G/(\widetilde{S}_G+\widetilde{S}_i)$
$\widetilde{A}_L=A_L/D^2$	$0.25[\phi_0-0.5\sin(2\phi_0)]$	$\widetilde{D}_L=D_L/D$	$4\widetilde{A}_L/\widetilde{S}_L$
$h=A_L/A$	$4\widetilde{A}_L/\pi$	$\widetilde{u}_G=u_G/u_{SG}$	$\pi/[\pi-\phi_0+0.5\sin(2\phi_0)]$
$\widetilde{S}_G=S_G/D$	$\pi-\phi_0$	$\widetilde{u}_L=u_L/u_{SL}$	$\pi/[\phi_0-0.5\sin(2\phi_0)]$

其中ϕ_0是液相界面张角。由于无量纲几何参数都仅和无量纲液层高度$h_L^*=h_L/D$有关，且和两相无量纲速度u_G、u_L一样都是h_L^*的函数。当各相流体所处的流动状态一定，即C_G、C_L、n_G、n_L一定，式（6.29）所描述的动量守恒平衡方程可以用下式表示：

$$F(\chi^2,Y,\widetilde{Q},h_L^*)=0 \tag{6.38}$$

二、段塞流的影响因素

煤层气排采过程中的段塞流只会在气液两相流阶段形成，但要研究煤层气排采过程[200]中段塞流的影响因素不能只研究气水两相流阶段。气水两相流的前一个阶段，即单相水流阶段排出的液量对气水两相流阶段的段塞流的形成也有重要影响。单相水流阶段排出的液量越多，则剩余液量越少，气水两相流初期的水饱和度降低，液塞更难以形成，即段塞流被抑制。

（一）单相水流阶段

单相水流阶段，宽大裂缝等优势渗流通道是影响煤储层气驱水效率的重要因素。在考虑润湿性、毛管压力和生产压差影响的情况下，可以将不同张开度的裂缝简化为不同直径的毛细管[201]。

1. 单毛细管驱替模型

单毛细管驱替模型，如图 6.37 所示。

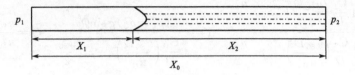

图 6.37　单毛细管驱替模型

其中，毛细管半径为 r，气相黏度为 μ_1，液相黏度为 μ_2，毛管力为 p_c，气驱前缘位置为 X_1，毛细管两端压力分别为 p_1、p_2，毛细管长度为 X_0，则液相长度 $X_2 = X_0 - X_1$，生产压差 $\Delta p = p_1 - p_2$，气相速度 v_1，液相速度 v_2，气相渗透率 k_1，液相渗透率 k_2。

仅考虑线性渗流，根据达西定律[202]：

$$v = \frac{k}{\mu} \times \frac{\mathrm{d}p}{\mathrm{d}x} \tag{6.39}$$

式中，v 为渗流速度；k 为渗透率；μ 为流体黏度；p 为渗透压力；x 为毛细管中气相长度。

可得毛细管中气液相速度为：

$$v_1 = \frac{\mathrm{d}x}{\mathrm{d}t} = \frac{k_1(p_1 - p_2 - p_c)}{\mu_1 X_1} \tag{6.40}$$

$$v_2 = \frac{\mathrm{d}x}{\mathrm{d}t} = \frac{k_2(p_2 - p_c)}{\mu_2 X_2} \tag{6.41}$$

在同一毛细管内，假设没有相间流速差，则

$$v_1 = v_2 = v \tag{6.42}$$

联立式（6.40）、式（6.41）和式（6.42）可得渗流速度：

$$v = \frac{\mathrm{d}x}{\mathrm{d}t} = \frac{\Delta p - p_c}{X_1 \dfrac{\mu_1}{k_1} + (X_0 - X_1)\dfrac{\mu_2}{k_2}} \tag{6.43}$$

将式（6.43）展开得：

$$\left[X_1 \frac{\mu_1}{k_1} + (X_0 - X_1)\frac{\mu_2}{k_2} \right] \mathrm{d}x = (\Delta p - p_c)\mathrm{d}t \tag{6.44}$$

将式（6.44）两端积分得：

$$x^2 + \left(\frac{2X_0 \dfrac{\mu_2}{k_2}}{\dfrac{\mu_1}{k_1} - \dfrac{\mu_2}{k_2}} \right) x - \frac{2(\Delta p - p_c)}{\dfrac{\mu_1}{k_1} - \dfrac{\mu_2}{k_2}} t = 0 \tag{6.45}$$

根据一元二次方程根的判别式，式（6.45）有解的条件是：

$$\left(\frac{2X_0\frac{\mu_2}{k_2}}{\frac{\mu_1}{k_1}-\frac{\mu_2}{k_2}}\right)^2+\frac{8(\Delta p-p_c)}{\frac{\mu_1}{k_1}-\frac{\mu_2}{k_2}}t\geqslant0 \tag{6.46}$$

当气体将液体完全驱出，即 $x=X_0$，得到此毛细管中液体驱替完全的时间为：

$$t'=\frac{X_0^2\left(\frac{\mu_1}{k_1}+\frac{\mu_2}{k_2}\right)}{2(\Delta p-p_c)} \tag{6.47}$$

当 $t<t'$，由一元二次方程的求根公式可以求出某一时刻 t 时的界面位置：

$$x=\frac{1}{2}\left[-\frac{2X_0\frac{\mu_2}{k_2}}{\frac{\mu_1}{k_1}-\frac{\mu_2}{k_2}}-\sqrt{\left(\frac{2X_0\frac{\mu_2}{k_2}}{\frac{\mu_1}{k_1}-\frac{\mu_2}{k_2}}\right)^2+\frac{8(\Delta p-p_c)}{\frac{\mu_1}{k_1}-\frac{\mu_2}{k_2}}t}\right] \tag{6.48}$$

2. 并联毛细管驱替模型

为了研究优势渗流通道，煤储层简化模型至少是大小两种直径毛细管的并联，并联毛细管驱替模型如图 6.38 所示。其中，大毛细管的半径为 r_1，气相渗透率为 k_{11}，液相渗透率为 k_{12}，毛细管压力为 p_{c1}；小孔道的半径为 r_2，气相渗透率为 k_{21}，液相渗透率为 k_{22}，毛管压力为 p_{c2}；气相黏度仍为 μ_1，液相黏度仍为 μ_2，大毛细管的长度为 X_1，小毛细管的长度为 X_2，大毛细管中气相长度 x_1，小毛细管中气相长度 x_2，生产压差 $\Delta p=p_1-p_2$。

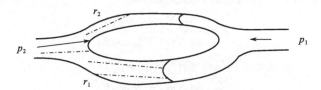

图 6.38　并联毛细管驱替模型

根据式（6.43）可得两毛细管的渗流速度：

$$v_1=\frac{\mathrm{d}x}{\mathrm{d}t}=\frac{\Delta p-p_{c1}}{x_1\frac{\mu_1}{k_{11}}+(X_1-x_1)\frac{\mu_2}{k_{12}}} \tag{6.49}$$

$$v_2=\frac{\mathrm{d}x}{\mathrm{d}t}=\frac{\Delta p-p_{c2}}{x_2\frac{\mu_1}{k_{21}}+(X_2-x_2)\frac{\mu_2}{k_{22}}} \tag{6.50}$$

根据式（6.48）可得两毛细管的气驱前缘位置：

$$x_1 = \frac{1}{2}\left[-\frac{2X_1 \frac{\mu_2}{k_{12}}}{\frac{\mu_1}{k_{11}}-\frac{\mu_2}{k_{12}}} - \sqrt{\left(\frac{2X_1 \frac{\mu_2}{k_{12}}}{\frac{\mu_1}{k_{11}}-\frac{\mu_2}{k_{12}}}\right)^2 + \frac{8(\Delta p - p_{c1})}{\frac{\mu_1}{k_{11}}-\frac{\mu_2}{k_{12}}}t} \right] \tag{6.51}$$

$$x_2 = \frac{1}{2}\left[-\frac{2X_2 \frac{\mu_2}{k_{22}}}{\frac{\mu_1}{k_{21}}-\frac{\mu_2}{k_{22}}} - \sqrt{\left(\frac{2X_2 \frac{\mu_2}{k_{22}}}{\frac{\mu_1}{k_{21}}-\frac{\mu_2}{k_{22}}}\right)^2 + \frac{8(\Delta p - p_{c2})}{\frac{\mu_1}{k_{21}}-\frac{\mu_2}{k_{22}}}t} \right] \tag{6.52}$$

如果 k_{11}，k_{12}，k_{21}，k_{22} 均满足多孔介质渗流半经验公式 kozeny-carman（KC）方程[203]，即：

$$k = \frac{\phi r^2}{8\tau^2} \tag{6.53}$$

式中，ϕ 为有效孔隙度；r 为孔隙半径；τ 为孔隙迂曲度；k 为渗透率。

将式（6.38）和拉普拉斯方程代入式（6.49）、式（6.50），则两毛细管的渗流速度表示为：

$$v_1 = \frac{r_1^2 \Delta p - 2\sigma r_1 \cos\theta}{8\tau_1^2 [\mu_1 x_1 + (X_1 - x_1)\mu_2]} \tag{6.54}$$

$$v_2 = \frac{r_2^2 \Delta p - 2\sigma r_2 \cos\theta}{8\tau_2^2 [\mu_1 x_2 + (X_2 - x_2)\mu_2]} \tag{6.55}$$

根据式（6.47）可得两毛细管的渗流时间：

$$t_1 = \frac{8\tau_1^2 X_1^2 (\mu_1 + \mu_2)}{\phi(\Delta p r_1^2 + 2\sigma\cos\theta)} \tag{6.56}$$

$$t_2 = \frac{8\tau_2^2 X_2^2 (\mu_1 + \mu_2)}{\phi(\Delta p r_2^2 + 2\sigma\cos\theta)} \tag{6.57}$$

由式（6.54）、式（6.55）、式（6.56）、式（6.57）可知，毛细管迂曲度、液相黏度、渗透率、生产压差、毛细管半径、表面张力和接触角对单相水流阶段两毛细管的渗流速度和渗流时间均有影响[204]。当生产压差 Δp 增大，则两毛细管的渗流速度 v_1、v_2 增大，渗流时间 t_1、t_2 减小；当表面张力 σ 减小，一般情况下接触角 θ 减小，毛细管力也减小，则两毛细管的渗流速度 v_1、v_2 增大，渗流时间 t_1、t_2 增大；当液相黏度 μ_2 增大，则两毛细管的渗流速度 v_1、v_2 减小，渗流时间 t_1、t_2 增大。因为 $r_2 > r_1$，当两毛细管迂曲度 τ 相同，则 $t_1 > t_2$，即大毛细管中的液相先于小毛细管完全被驱替排出，则大毛细管是优势渗流通道（$k_{12}>k_{22}$）。

3. 影响段塞流形成的因素

因为气体的黏度非常小，可以将式（6.49）和式（6.50）进行简化：

$$v_1=\frac{\mathrm{d}x}{\mathrm{d}t}=\frac{\Delta p-p_{c1}}{x_1\frac{\mu_1}{k_{11}}+(X_1-x_1)\frac{\mu_2}{k_{12}}}\approx\frac{\Delta p-p_{c1}}{(X_1-x_1)\frac{\mu_2}{k_{12}}}=\frac{k_{12}(\Delta p-p_{c1})}{(X_1-x_1)\mu_2} \quad (6.58)$$

$$v_2=\frac{\mathrm{d}x}{\mathrm{d}t}=\frac{\Delta p-p_{c2}}{x_2\frac{\mu_1}{k_{21}}+(X_2-x_2)\frac{\mu_2}{k_{22}}}\approx\frac{\Delta p-p_{c2}}{(X_2-x_2)\frac{\mu_2}{k_{22}}}=\frac{k_{22}(\Delta p-p_{c2})}{(X_2-x_2)\mu_2} \quad (6.59)$$

两者渗流的速度差为：

$$\Delta v=v_1-v_2=\frac{k_{12}(\Delta p-p_{c1})}{(X_1-x_1)\mu_2}-\frac{k_{22}(\Delta p-p_{c2})}{(X_2-x_2)\mu_2} \quad (6.60)$$

整理并将式（3.1）代入式（6.60）得：

$$\Delta v=v_1-v_2=\frac{k_{12}\left(\Delta p-\frac{2\sigma\cos\theta}{r_1}\right)(X_2-x_2)-k_{22}\left(\Delta p-\frac{2\sigma\cos\theta}{r_2}\right)(X_1-x_1)}{(X_1-x_1)(X_2-x_2)\mu_2}$$

$$=\frac{\Delta p[k_{12}(X_2-x_2)-k_{22}(X_1-x_1)]+2\sigma\cos\theta\left[k_{22}\frac{(X_1-x_1)}{r_2}-k_{12}\frac{(X_2-x_2)}{r_1}\right]}{(X_1-x_1)(X_2-x_2)\mu_2}$$

$$(6.61)$$

大毛细管作为优势渗流通道，其中的液体先于小毛细管完全被驱替排出，因此从大毛细管中驱替出的液量是单相水流阶段排出液量的基础值。当大毛细管中的液相完全被驱替排出，此时 $k_{12}>k_{22}$，且 $(X_2-x_2)>(X_1-x_1)$。由式（6.61）可知，如果增大生产压差 Δp，两毛细管渗流的速度差 Δv 增大，此时小毛细管中的气相运移的距离变短，驱替排出的液量减少，则整个单相水流阶段排出的液量将变少；如果减小表面张力 σ，一般情况下接触角 θ 减小，毛细管力也减小，则两毛细管渗流的速度差 Δv 减小，此时小毛细管中的气相运移的距离变长，驱替排出的液量增多，则整个单相水流阶段排出的液量将增多；如果增大液相黏度 μ_2，两毛细管渗流的速度差 Δv 减小，此时小毛细管中的气相运移的距离变长，驱替排出的液量增多，则整个单相水流阶段排出的液量将增多。

（二）气水两相流阶段

气水两相流阶段最理想的流动方式就是气水两相分层流动[205]。在煤层气排采过程中，裂缝张开度变化、生产压差变化、裂缝方向变化、裂缝的汇合与分离等都可能引起界面波的产生，所以界面波是不可避免的，能够抑制的是界面波的生长，防止界面波生长为液塞才是重中之重。对裂缝中的界面波进行简化，如图 6.39 所示。图 6.39 中 v_G 是裂缝中气相流速，v_L 是液相的表面流速，v_K 是界面波波速，F 是气流作用在界面波上的力。

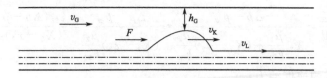

图 6.39　裂缝中界面波示意图

1. 生产压差和渗透率对段塞流形成的影响

生产压差和渗透率对段塞流形成的影响其实非常相似，生产压差增大或者渗透率增大都将使流体的流速增大，且对于气水两相分层流动，气体的速度增加量大于液体的速度增加量，即气液之间的流速差将增大，则作用在界面波上的力 F 将增大，界面波被加速，界面波波速 v_K 与液体表面流速 v_L 的差值将增大，界面波前端的液体被"铲起"，界面波逐渐生长并最终形成液塞，即段塞流形成。

对于已经形成的段塞流，如果液塞的速度为零，则液塞肯定会在重力的作用下失稳，液塞中的液体将汇入层流中，液塞的稳定性在于液塞的"铲起量"大于或等于液塞的"泄落量"，这样液塞将会稳定或者增长，所以液相表面流速 v_L 增大将有助于液塞的稳定。

另一方面，根据 Mishima 和 Ishii 提出的"最危险波"的概念和液塞形成的不稳定性准则[206]：

$$v_G \geqslant 0.487 \sqrt{(\rho_L - \rho_G)gh_G/\rho_G} \tag{6.62}$$

式中，v_G 为气相速度，m/s；ρ_L 为液相密度，kg/m³；ρ_G 为气相密度，kg/m³；g 为重力加速度；h_G 为气相高度，m。

当界面波形成，则波峰与顶部之间的距离 h_G 减小，$0.487\sqrt{(\rho_L-\rho_G)gh_G/\rho_G}$ 减小，则较小的气相流速 v_G 即可形成段塞流；另一方面，在气体流量不变的情况下，界面波波峰与裂缝壁顶部之间气体流速应增大，则作用在界面波侧面的力 F 增大，波峰更容易生长为液塞而形成段塞流；气体流速增大，根据伯努利原理，则界面波波峰与裂缝壁顶部之间的压强减小，波峰更容易生长为液塞而形成段塞流。

2. 表面张力对段塞流形成的影响

层流中的气液两相之间的表面张力对流型变化起着重要的作用，波浪流与层流之间的分界表达式如下：

$$\left[\frac{\sigma}{gd^2(\rho_L-\rho_G)}\right]^{0.2}-\left(\frac{dq_{mg}}{v_G}\right)\geqslant 8\left(\frac{v_{gs}}{v_{ls}}\right)^{0.16} \tag{6.63}$$

式中，σ 为表面张力，mN/m；q_{mg} 为气相质量流量，g/s；v_{gs} 为气相表观速度，m/s；v_{ls} 为液相表观速度，m/s；d 为管道内径，m；g 为重力加速度；v_G 为气相速度，m/s；ρ_L 为液相密度，kg/m^3；ρ_G 为气相密度，kg/m^3。

可以明显看出随着表面张力的增大，层流越不稳定，越容易形成波浪流，且波浪流的剧烈程度增大。波浪流越剧烈，式（6.62）中的 h_G 越小，段塞流越容易形成。

3. 黏度对段塞流形成的影响

目前对于黏度对段塞流的影响研究基本一片空白，仅有的研究也是从实验入手[207-208]，从而得出经验性结论。增大液体黏度后，需要更高的液面高度和更快的速度才能使液塞稳定。黏度的增大对层流起稳定性作用，层流更难以"起塞"进而抑制段塞流的形成。

三、段塞流的控制方法

通过室内实验、理论分析和现场应用可以发现渗透率、生产压差、表面张力、黏度对段塞流均有影响。渗透率是重要的影响因素，高渗透率储层在气水两相流阶段容易形成段塞流，但对于我国较多的低渗非常规天然气储层而言，如果不进行储层改造，提升渗透率，则难以实现商业化开发，因此通过降低渗透率来控制段塞流是不现实的，但可以通过渗透率来预测段塞流是否容易形成，进而选择合适的压裂液和排采方法。所以目前能抑制段塞流的手段仅有改变压裂液的表面张力和黏度，控制生产压差。

（一）降低压裂液的表面张力

通过并联毛细管模型证明了单相水流阶段优势渗流通道的存在，并且证明通过采用低表面张力压裂液，可以使非优势渗透通道中的液体更容易排出，单相水流时间增加，单相水流液量增加；增大压裂液黏度，非优势渗透通道与优势渗流通道中的液体都难以快速排出，只能缓慢共同排出，单相水流时间增加，单相水流阶段排出液量增加。单相水流阶段排出液量越多，气水两相流阶段初始含水饱和度越低，段塞流被抑制，段塞流的剧烈程度也减弱。在气水两相流阶段，液体表面张力增大，层流更容易转变为波状流，则更容易形成段塞流；黏度增大，层流越难以形成波状流，液塞也更容易被破坏。所以要控制煤层气排采过程中段塞流的形成，最好采用低表面张力的压裂液进行储层改造，这样就可在单相水流阶段最大限度地将压裂液和地层水排出，从而降低气水两相流阶段的初始含水饱和度，抑制气水两相流阶段的层流转变为段塞流。

（二）增大压裂液的黏度

通过增大压裂液的黏度一方面可以增加单相水流阶段的产液量，降低气水两相流阶段初期的含水饱和度，进而抑制段塞流的形成，减弱段塞流的剧烈程度；另一方面能有效抑制分层流向波状流转化，进而抑制界面波的生长，使液塞难以形成。但是增大压裂液黏度极大地降低了单相水流阶段和气水两相流阶段前期的渗透率，尽管达到束缚水阶段后气相流量基本没有受到影响，但使生产周期变长，基本在 5 倍时间以上。低渗是我国大多数煤层气资源难以开采的重要原因，所以保证渗透率是第一位的，因而不可以通过增加黏度来抑制段塞流。

（三）控制生产压差

通过并联毛细管模型证明了在单相水流阶段渗透率或生产压差较高时，气驱前缘容易沿着优势渗流通道运移，使单相水流时间减少，单相水流液量减少；单相水流阶段排出液量越少，气水两相流阶段初始含水饱和度越高，越容易形成段塞流。在气水两相流阶段，渗透率越高或者生产压差越大，气液流速增大，液体更容易"起塞"形成段塞流。储层改造的目的是提高渗透率，使煤层气井高产，但高渗透率又会导致排采阶段段塞流的形成，造成速敏伤害，进而降低渗透率，这是一对矛盾。为了在单相水流阶段要最大限度地将压裂液和地层水排出，可以降低生产压差，减弱优势渗流通道的作用，缓慢排采，使小孔隙中的液体也能排出；在气水两相流阶段，为了减少界面波的产生，必须减少压力波动，则采用连续缓慢稳定的排采方式；降低生产压差，可以减小气液流速，使界面波难以生长，减少"起塞"；对于由孔隙起伏等原因已经形成的液塞，通过降低生产压差来降低流速，使液塞的铲起溶液量小于泄落溶液量，这样液塞会变薄失稳，进而减弱段塞流的剧烈程度。

四、段塞流的形成与控制分析结果

（1）在煤层气井排采的气水两相流阶段，最理想的流动方式是在天然裂缝或人工裂缝内气水两相分层流动。当气相流速变化时，煤储层裂缝内的气相压力也会发生变化，由压力变化产生的负压抽吸力作用于液面，并克服对液面起稳定作用的重力时，液面失稳、起塞，形成波浪流，持续生长的波峰在液面和裂缝上壁面之间生长为液塞，从而在煤储层裂缝内形成段塞流。

（2）将煤储层视为双重孔隙介质，裂缝视为圆管，并依据裂缝体积和缝宽获得裂缝展开长度，从而构建了煤储层段塞流模型。模型中的段塞单元由液塞、大气泡和分层液体层组成，其中分层液体层横贯整个段塞单元，液塞和大气泡在分层液体层上方流动，大气泡和大气泡下的分层液体层的流动方式是层流。

（3）渗透率、生产压差、液相黏度、液相表面张力、接触角、裂缝迂曲度、裂缝张开度、裂缝方向、裂缝的汇合与分离等因素在某种程度上影响煤层气排采过程中段塞流的形成，而且随着液相表面张力的减小、液相黏度的增大、生产压差的减小或煤储层渗透率的降低，段塞流的发生概率均减小且剧烈程度减弱。

（4）采用低表面张力的压裂液进行储层改造，在单相水流阶段最大限度地将压裂液和地层水排出，这样就可降低气水两相流阶段的初始含水饱和度，抑制气水两相流阶段的层流转变为段塞流。在气水两相流阶段尽量减小压降速率，降低气液流速，遵循连续、缓慢、稳定的排采原则，这样就可最大限度地抑制段塞流的形成并降低其剧烈程度。

第五节　我国中部某区块现场应用

本节通过分析我国中部某区块二次改造情况和排采数据，对理论分析和实验室实验的结果进行了验证。我国中部某区块 01 井与 02 井紧邻并且各项条件基本相同，由于压裂方式不同和压裂层段不同，造成 01 井在二次改造后排采初期储层的渗透率远大于 02 井。而排采过程中，01 井从气水两相流阶段开始就进入了严重的段塞流阶段，而 02 井在气水两相流阶段基本没有段塞流产生，这说明渗透率对段塞流的形成有重要影响，渗透率越大，段塞流越容易形成，并且更加严重。虽然 01 井段塞流情况严重，但是 01 井的产气量依然非常高，产气效果较好，基本没有出煤粉现象，说明 1.5％KCl 溶液＋0.05％AN 溶液这种压裂液的防速敏效果较好，减轻了段塞流造成的速敏伤害。

一、压裂液的优选

控制段塞流的根本目的在于控制速敏伤害，所以段塞流的控制从压裂阶段就开始了，为此研制了一种三防压裂液，其防水敏作用可以减少微粒的形成进而减小速敏伤害；防速敏作用可以促进微粒的沉降，减小速敏伤害；防水锁作用可以在单相水流阶段产出更多的液体，在气水两相流阶段可以减小毛细管阻力，降低贾敏效应影响，提高气体产出率。

（一）防水敏伤害

当与储层配伍性差的压裂液进入储层后，易引发储层中黏土矿物水化膨胀与分散运移。在水化膨胀过程中，水分子进入黏土颗粒内并与具有可交换性的低价阳离子进行水化反应，增大了黏土矿物中晶格层面间的排斥力，降低了层面间引力作用，进而引发黏土矿物膨胀，黏土微粒体积增加，相应地降低了储层孔隙半径；而在黏土微粒分散运移的过程中，会发生微粒堵塞储层孔隙的情况。在上述两种情况的影响下，储层渗透率大大降低，引发严重的储层水敏伤害。

参照《油气田压裂酸化及注水用粘土稳定剂性能评价方法》（SY/T 5971—2016）的行业标准，可采用离心法对 1.5％KCl 溶液、1.5％KCl 溶液＋0.05％AN 溶液、1.5％KCl 溶液＋0.03％PAM 溶液、1.5％KCl 溶液＋0.05％PAM 溶液、1.5％KCl 溶液＋0.05％AN 溶液＋0.03％PAM 溶液和 1.5％KCl 溶液＋0.05％AN 溶液＋0.05％PAM 溶液的对蒙脱石的防膨效果进行评价，结果（表 6.18）发现 1.5％KCl 溶液已经有了较好的防膨效果，防膨率为 57.1％；1.5％KCl 溶液＋0.05％AN 溶液的防膨率也是 57.1％，说明表面活性剂 AN 对防膨率没有影响；1.5％KCl 溶液＋0.03％PAM 溶液、1.5％KCl 溶液＋0.05％PAM 溶液的防膨率分别为 62.8％和 68.6％，说明在 1.5％KCl 溶液中加入高分子聚合物 PAM 能增大防膨效果。

表 6.18 防膨实验数据

溶液类型	离心后体积/mL	防膨率/％
蒸馏水	0.8	0
无水煤油	0.45	100

续表

溶液类型	离心后体积/mL	防膨率/%
1.5%KCl 溶液	0.6	57.1
1.5%KCl 溶液+0.05%AN 溶液	0.6	57.1
1.5%KCl 溶液+0.03%PAM 溶液	0.58	62.8
1.5%KCl 溶液+0.05%PAM 溶液	0.56	68.6
1.5%KCl 溶液+0.05%AN 溶液+0.03%PAM 溶液	0.58	62.8
1.5%KCl 溶液+0.05%AN 溶液+0.05%PAM 溶液	0.56	68.6

水敏效应是造成储层伤害的重要因素，只要人工水力扰动储层，都会或多或少产生水敏效应。对于低渗的、黏土矿物含量较高的储层，水敏伤害更为严重，这一直是人们关注的焦点。由上述实验结果分析可知，向压裂液当中加入KCl 能够有效控制水敏效应，且高分子有机物 PAM 的加入也使压裂液具有了更好的防膨效果，减少了煤层气排采过程中微粒的产生，进而减轻了速敏伤害。对于采用了 1.5%KCl 溶液压裂的煤层气井，可以适当加大生产压差，使气液较快速产出，也不会造成严重的速敏伤害。

（二）防速敏伤害

储层的速敏伤害可采用测试压裂液中微粒稳定性的方法进行评价。对于煤层气储层，颗粒较大的煤粉可以通过降低生产压差，减小气液流速来抑制速敏的发生；但是，对于微米级的煤粉颗粒，由于其具有憎水性而漂浮在水表面，随排采水的产出而运移，是无法通过排采来控制速敏的。这一粒径的煤粉不仅会堵塞储层微裂缝，而且会在泵体内沉淀，造成泵效严重降低或卡泵现象。因此，如何控制这部分煤粉的产出是控制煤储层排采过程中速敏发生的关键。为此，本书提出在压裂液中加入表活剂，使这些煤粉亲水，从而发生沉淀，沉淀后的微米级煤粉之间由于液桥的作用，粉体内聚力增加，排采过程中不易再次被水流冲散带走。参照《土工试验仪器 剪切仪 第 1 部分：应变控制式直剪仪》（GB/T 4934.1—2008）的国家标准，采用沉降实验来研究不同压裂液的防速敏效果。发现通过在 1.5%KCl 溶液中加入表面活性剂 AN 能大幅加快煤粉的沉降速度并使煤粉沉降完全。PAM 是水处理中的一种常用絮凝剂，加入 PAM 也能使煤粉沉降完全，但沉降时间比 1.5%KCl 溶液+0.05%AN 溶液的沉降时间长，同时加入 AN 和 PAM 可以进一步降低沉降时间（表 6.19）。

表 6.19　沉降实验结果

溶液	是否沉降完全	沉降完全时间/min
1.5%KCl 溶液	否	
1.5%KCl 溶液＋0.05%AN 溶液	是	18
1.5%KCl 溶液＋0.03%PAM 溶液	是	49
1.5%KCl 溶液＋0.05%PAM 溶液	是	37
1.5%KCl 溶液＋0.05%AN 溶液＋0.03%PAM 溶液	是	17
1.5%KCl 溶液＋0.05%AN 溶液＋0.05%PAM 溶液	是	16

　　同时，为了评价加入表活剂后压裂液对煤粉力学性质的影响，对不同压裂液处理的煤粉进行直剪实验。通过对比分析不同压裂液处理后煤样的内聚力，可以评价各压裂液对煤粉的固定作用。其中内聚力大的煤粉稳固性好，不易发生运移，进而有利于速敏的防治。发现通过加入表面活性剂 AN 可以有效增加煤粉的内聚力，使煤粉难以运移（表 6.20）。

表 6.20　直剪实验结果

样品名称	含水率/%	1.5%KCl 溶液		1.5%KCl 溶液＋0.05% AN 溶液	
		内聚力/kPa	内摩擦角/(°)	内聚力/kPa	内摩擦角/(°)
−60 目煤粉	3	3.41	27.93	22.01	25.38
	6	7.75	27.09	22.94	24.94
	9	7.44	26.24	22.63	25.38
	12	8.06	27.93	24.75	25.38
	15	8.99	27.93	32.28	23.16
	18	9.92	27.51	24.56	25.81
	21	5.89	27.09	21.39	26.24

　　因此，向压裂液中加入合适的表面活性剂 AN，能够促使储层裂缝中的微粒沉降并固定微粒，能够有效减缓储层速敏伤害。则对于采用了 1.5%KCl 溶液＋0.05%AN 溶液压裂的煤层气井，可以适当加大生产压差，使气液较快速产出，也不会造成严重的速敏伤害。

（三）防水锁伤害

　　水锁伤害的发生主要由较高孔隙毛管压力产生。较高的毛管压力不仅阻碍了气体的运移产出，严重降低了储层渗透率，同时还对气体在储层孔隙内的吸附解吸过程造成较大影响。因此，通过对压裂液进行润湿性实验、渗透率伤害实验和吸附解吸实验，可评价不同压裂液的水锁伤害程度，进而对压裂液进行优化。

1. 润湿性实验

6 种溶液的表面张力和接触角如表 6.14 所示，加入表面活性剂 AN 能有效降低表面张力和接触角，而 PAM 对表面张力和接触角没有影响。通过毛管压力计算公式式（3.1）可以发现，降低表面张力和接触角可以有效减小毛管阻力，使单相水流阶段液体更容易排出，进而抑制段塞流；在气水两相流阶段使小孔隙中的水更容易排出，减小水锁伤害。

2. 渗透率伤害实验

渗透率伤害实验结果见表 6.21。由表可知，通过加入表面活性剂能有效降低水锁伤害率，PAM 会使水锁伤害率略微增加，并且使用 PAM 后将大大提高单相水流时间，所以最好采用 1.5％KCl 溶液＋0.05％AN 溶液。

表 6.21　煤样渗透率伤害测试结果

饱和流体介质	束缚水饱和度/％	气相渗透率/×$10^{-3}\mu m^2$	水锁伤害率/％
干燥样	—	3.263	—
蒸馏水	50.03	1.644	49.62
1.5％KCl 溶液＋0.05％AN 溶液	40.31	2.341	28.25
1.5％KCl 溶液＋0.05％AN 溶液＋0.03％PAM 溶液	49.62	2.277	30.22

3. 吸附解吸实验

吸附解吸实验结果（表 6.22）表明，在煤样罐中注入 1.5％KCl 溶液＋0.05％AN 溶液和 1.5％KCl 溶液＋0.05％AN 溶液＋0.03％PAM 溶液处理的煤样的残余气百分比分别仅为 3.92％与 4.11％，远低于蒸馏水处理的煤样，且接近于干燥样的值，说明添加表面活性剂 AN 后，煤样孔隙毛管压力降低，气体运移产出的阻力减小，大量气体能够突破水锁效应的阻碍而产出，水锁伤害得到了有效地降低。

表 6.22　吸附解吸实验记录

样品类型	注气平衡压力/MPa	注液平衡压力/MPa	吸附气量/(cm³/g)	解吸气量/(cm³/g)	煤中残余气量/(cm³/g)	残余气百分比/％
干燥	4.09		15.27	14.73	0.54	3.54
蒸馏水	4.02	7.42	14.97	10.46	2.26	18.20

续表

样品类型	注气平衡压力/MPa	注液平衡压力/MPa	吸附气量/(cm³/g)	解吸气量/(cm³/g)	煤中残余气量/(cm³/g)	残余气百分比/%
1.5%KCl 溶液+0.05%AN 溶液	4.29	7.42	15.32	14.72	0.67	3.92
1.5%KCl 溶液+0.05%AN 溶液+0.03%PAM 溶液	4.05	7.42	15.59	14.98	0.64	4.11

（四）控制段塞流

加入表面活性剂 AN 降低表面张力，一方面可以增加单相水流阶段的产液量，降低气水两相流阶段初期的含水饱和度，进而抑制段塞流的形成，减弱段塞流的剧烈程度；另一方面，降低表面张力能有效抑制分层流向波状流转化，进而抑制界面波的生长，使液塞难以形成。

通过对采用三防压裂液——1.5%KCl 溶液+0.05%AN 溶液的样品进行压裂，一方面可以在单相水流阶段排出大量地层水与压裂液，这样不仅可以延缓应力敏感的到来，而且可以使压降漏斗最大化，抑制气水两相流阶段段塞流的形成；另一方面可以有效减少水敏产生的微粒，使微粒聚集沉淀，降低速敏伤害，并能减小水锁造成的渗透率减弱程度，通过抑制水敏与速敏可以在段塞流存在的情况下速敏伤害依然较低，这样可以适当提高生产压差，加快排采流程，较早获得经济收益。

二、我国中部某区块基本情况

我国中部某区块有两口井进行了二次改造，这两口井的含煤地层为上古生界二叠系，主要含煤层段为山西组（下煤组）、下石盒子组（中煤组）和上石盒子组（上煤组），总厚度约 565m，含煤 20 多层，煤层总厚度约 23m，含煤系数 4.1%。其中，煤层气井改造的煤层为下石盒子组 6_1、6_2、6_3、8、9 号煤层，01 井与 02 井紧邻，两口井的煤层气发育特征差别不大。01 井对上部的 6 号煤层采用光套管压裂，对下部的 8、9 号煤层采用"油管+封隔器"压裂；02 井仅对上部的 6 号煤层段进行油管压裂。两口井采用的压裂液均为 1.5%KCl 溶液+0.05%AN 溶液。

三、现场应用排采数据

01 井从 2016 年 12 月 5 日开始排采，其排采数据表明（图 6.40）：从 2016

年 12 月 5 日到 2017 年 1 月 5 日井底压力（BHP）、套压和产水量均处于强烈的波动之中，井底压力波动范围是 8372～8533kPa，套压波动范围是 0～26kPa，产水量的波动范围是 0～1.312m³/h，波动现象明显但是波动的频率逐渐降低，产气量一直为零 [图 6.40(a)，图 6.40(b) 前期]，此时是单相水流阶段；然后从 1 月 5 日到 4 月 14 日 [图 6.40(b)，图 6.40(c)，图 6.40(d)，图 6.40(e) 前期]，井底压力开始相对匀速降低，从 8474kPa 降低到 7390kPa 并且基本没有波动，套压迅速从 10kPa 降低并且基本为零，偶尔有轻微波动，产水量稳定增加，从 0.154m³/h 逐渐增加到 0.226m³/h 并且此过程中基本没有波动，产气量一直为零，仍然处于单相水流阶段；接着从 4 月 15 日到 6 月 5 日 [图 6.40(e) 后期，图 6.40(f)，图 6.40(g) 初期]，井底压力相对匀速降低，从 7390kPa 降低到 6055kPa，套压开始波动，波动范围小（0～24kPa），产水量从 0.226m³/h 逐渐增加到 0.378m³/h，偶尔有波动，产气量一直为零，仍然处于单相水流阶段。从 6 月 5 日到 7 月 8 日，井底压力从 6055kPa 相对匀速下降到 5282kPa，套压迅速上升至 3000kPa 再下降至 2053kPa 并再次上升到 3000kPa，产水量先从 0.378m³/h 逐渐上升至 0.425m³/h 再逐渐下降到 0.313m³/h，变化比较均匀并且很少波动，产气量基本为零。从 7 月 6 日到 11 月 [图 6.40(h) 初期、图 6.40(i)、图 6.40(j)、图 6.40(k)、图 6.40(l)]，井底压力、套压、产水量和产气量均在剧烈的波动中并且波动频率越来越高，井底压力在波动中从 5282kPa 逐渐下降到 1933kPa，套压从 3000kPa 开始先迅速下降然后从 7 月 11 日开始基本都在 600～2000kPa 之间迅速波动，产水量在波动中的整体趋势是逐渐下降，从 0.313m³/h 逐渐下降到 0.086m³/h，产气量在波动中逐渐上升，从 0m³/h 上升到 36m³/h，这四个参数之间相互影响，BHP 压力、套压、产气量和产水量一直起伏变化并且产气量和产水量呈现一方增大则另一方减小的规律，是典型的段塞流的特征。

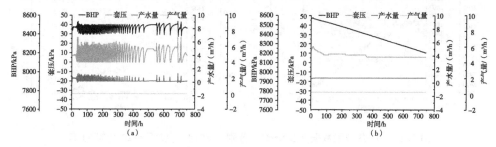

图 6.40

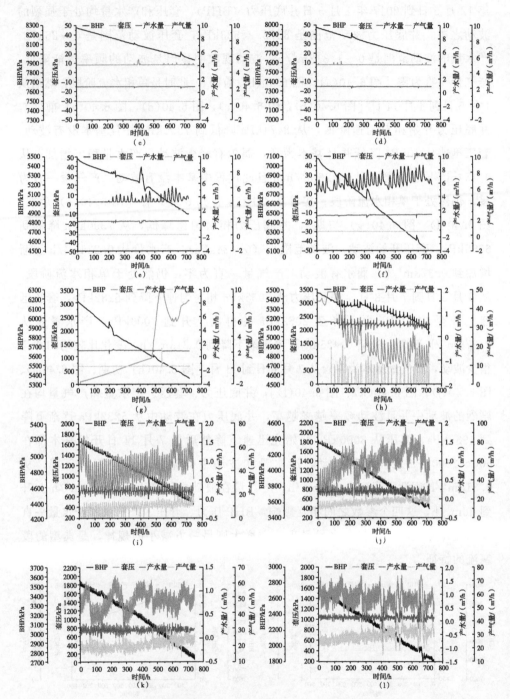

图 6.40　01 井排采数据 [(a)～(l) 分别为 2016 年 12 月～2017 年 11 月
每月的排采数据]（见书后彩图）

为了更直观地表现四个参数的变化和相互影响关系，选取气水两相流阶段的 9 月 1 日至 9 月 3 日的 01 井的排采数据（图 6.41）。在此阶段 BHP 在规律性波动中下降，其波动范围是 4.371～4.466MPa；产气量在规律性波动中上升，其波动范围是 9～18m³/h；套压波动范围是 0.902～1.688MPa，产水量波动范围是 0.079～0.401m³/h。BHP、套压、产水量和产气量的波动范围都很大且当产气量和产水量总是一方增大则另一方减小，证明 01 井气水两相流阶段处于段塞流状态。

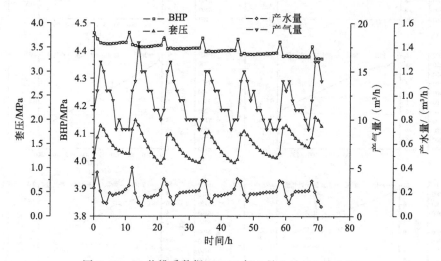

图 6.41　01 井排采数据（2017 年 9 月 1 日～9 月 3 日）

02 井从 2016 年 12 月 13 日开始排采，其排采数据表明（图 6.42）：从 2016 年 12 月 13 日至 2017 年 4 月 14 日 ［图 6.42(a)、图 6.42(b)、图 6.42(c)、图 6.42(d)、图 6.42(e) 前期］，井底压力从 9235kPa 逐渐均匀降低至 6818kPa；套压基本为零（有一次突然增高）；产气量基本为零 （有两次突然增高）；产水量非常低 （0～0.038m³/h）并且没有大的起伏波动。从 4 月 14 日到 6 月 5 日 ［图 6.42(e) 后期、图 6.42(f)、图 6.42(g)］，井底压力逐渐从 6818kPa 降低到 5827kPa；套压基本为零，但是有 16 个套压为 1kPa 的峰；产水量开始有轻微的规律性起伏波动，波动范围是 0.004～0.035m³/h；产气量依旧为零，此时仍处于单相水流阶段。从 6 月 5 日到 6 月 25 日 ［图 6.42(g)］，套压经历了多次从零增加到 2500kPa 以上，再从 2500kPa 以上迅速降低的过程；井底压力从 5827kPa 先逐渐降低至 5843kPa，再从 5843kPa 迅速提升至 5916kPa，接着逐渐降低至 5740kPa；产水量在 0～0.075m³/h 范围内波动，没有明显的增长或降低；产气量基本为零，在 6 月 19 日有少量出气。

从 6 月 25 日到 8 月 26 日 [图 6.42(g) 末期、图 6.42(h)、图 6.42(i)]，井底压力从 5940kPa 逐渐下降到 4524kPa，有轻微的波动；套压从 394kPa 增加到 1315kPa，有波动现象；产水量有轻微波动；产气量为零。从 8 月 26 日到 11 月底 [图 6.42(i)、

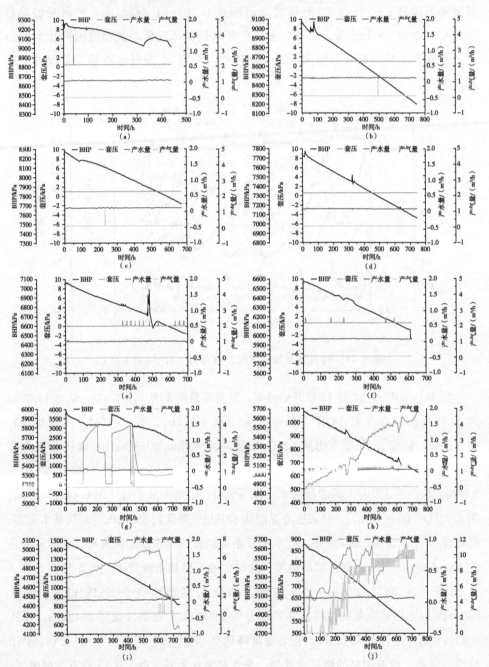

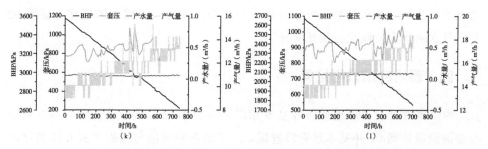

图 6.42 02 井排采数据 [(a)～(l) 分别为 2016 年 12 月～2017 年
11 月这 12 个月的排采数据] (见书后彩图)

图 6.42(j)、图 6.42(k)、图 6.42(l)]，井底压力从 4524kPa 逐渐降低至
1728kPa，在此过程中，井底压力基本没有波动；套压处于无规律起伏波动中；
产水量在 0.011～0.058m³/h 范围内波动，波动幅度很小；产气量逐渐从零增加
到 18m³/h，在此过程中产气量有起伏波动，但是与 01 井不同，02 井产气量波
动非常小，基本是 1m³/h，而现场记录的产气量的精度也是 1m³/h，而且井底
压力、套压、产气量、产水量并没有明显的相互影响关系，则 02 井气水两相流
阶段基本不存在段塞流。

为了更直观地表现四个参数的变化和是否存在相互影响关系，选取气水两
相流阶段的 11 月 1 日至 11 月 3 日的 02 井的排采数据 (图 6.43)，在此阶段
BHP 无波动逐渐下降，从 2.617MPa 均匀降低至 2.531MPa；套压在 0.815～
0.901MPa 范围内有轻微变化但不是规律性起伏波动，产水量在 0.024～
0.037m³/h 范围内轻微变化但无规律性，产气量在 13～15m³/h 范围内有起伏变

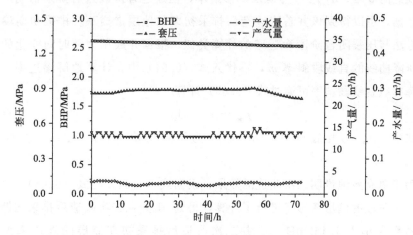

图 6.43 02 井排采数据 (2017 年 11 月 1 日～11 月 3 日)

化但不明显，且产水量和产气量并没有一方增大则另一方减小的规律，证明 02 井在气水两相流阶段没有段塞流发生。

四、现场应用分析结果

两井紧邻并且各项地质条件基本相同，01 井排采在单相水流之后基本处于段塞流阶段，而 02 井基本没有段塞流，二者的差别可能与压裂方式和压裂层段有关，不同的压裂方式和压裂层段使两口井的渗透率不同。01 井二次改造了两个层段，且一个层段是光套管压裂，压裂效果好；02 井二次改造仅对 1 号煤层段进行了油管压裂，压裂效果差，这一点可以从两口井改造后渗透率不同发现。

通过压裂施工期间记录的数据，对各层段进行压降分析，根据式（6.64）、式（6.65）计算出 01 井与 02 井各层段改造后渗透率的大小[209]。

$$K_f = \frac{2.121 \times 10^{-3} q\mu B}{mh} \tag{6.64}$$

式中，K_f 为储层渗透率，μm^2；q 为气井产水量（或注水量），m^3/d；B 为体积系数；μ 为流体黏度，$MPa \cdot s$；h 为压裂段厚度，m；t 为生产时间，h；m 为压降曲线直线段斜率。

$$p_{ws} = p_i - m\lg[(t_p + \Delta t)/\Delta t] \tag{6.65}$$

式中，p_{ws} 为关井后井底压力，MPa；p_i 为储层的初始压力，MPa；t_p 为生产（注水）时间，h；Δt 为关井时间，h；m 为压降曲线的直线段斜率。

另外，由于 01 井与 02 井二次改造前没有试井，所以无法通过试井资料获取二次改造前 6 号、8 号、9 号煤层的渗透率，但通过首次改造后排采初期产水阶段的数据，可以得到该井首次改造后排采初期的地层渗透率。排采初期渗透率计算方法与压裂闭合阶段渗透率的计算类似，根据井底压力随时间变化的曲线得到压降曲线的直线段斜率 m，再代入式（6.64）中，计算地层渗透率。该阶段压降曲线直线段斜率可通过式（6.66）计算。

$$p_{ws} = p_i - m\lg t \tag{6.66}$$

式中，p_{ws} 为井底压力，MPa；p_i 为储层初始压力，MPa；t 为生产时间，d。

为了更有效地说明二次改造的效果，根据式（6.64）与式（6.66），对排采前期产水阶段的储层渗透率进行了计算，得到 01 井在二次改造后排采初期储层的渗透率大小为 1.162mD，02 井二次改造后排采初期储层的渗透率大小为 0.615mD。实验室段塞流实验已经证明随着渗透率增大，段塞流更容易形成。

01井的渗透率几乎是02井渗透率的两倍，这就造成了01井在气水两相流阶段处于段塞流状态，而02井基本没有段塞流产生。

　　虽然01井有段塞流产生并且比较剧烈，但是通过采用1.5％KCl溶液＋0.05％AN溶液，对于段塞流引起的速敏有很好的抑制作用，从排采至今基本没有出煤粉现象，渗透率也没有明显的降低。所以在采用1.5％KCl溶液＋0.05％AN溶液时，虽有一定的段塞流但影响不大，即可以采用较高的生产压差，使气液较快速产出。

参考文献

［1］　李五忠，孙斌，孙钦平，等．以煤系天然气开发促进中国煤层气发展的对策分析［J］．煤炭学报，2016，41(1)：67-71.

［2］　曹代勇，姚征，李靖．煤系非常规天然气评价研究现状与发展趋势［J］．煤炭科学技术，2014，42(1)：89-92，105.

［3］　徐宏杰，胡宝林，刘会虎，等．淮南煤田下二叠统山西组煤系页岩气储层特征及物性成因［J］．天然气地球科学，2015，26(6)：1200-1210.

［4］　Alexeev A D，Ulyanova E V，Starikov G P，et al．Latent methane in fossil coals［J］．Fuel，2004，83(10)：1407-1411.

［5］　Alexeev A D，Vasylenko T A，Ul'Yanova E V．Phase states of methane in fossil coals［J］．Solid State Communications，2004，130(10)：669-673.

［6］　宋金星．煤储层表面改性增产机理及技术研究［D］．焦作：河南理工大学，2016.

［7］　Yao Y B，Liu D M．Microscopic characteristics of microfractures in coals：an investigation into permeability of coal［J］．Procedia Earth and Planetary Science，2009，1(1)：903-910.

［8］　Pommer M，Milliken K．Pore types and pore-size distributions across thermal maturity，Eagle Ford Formation，southern Texas［J］．AAPG Bulletin，2015，99(9)：1713-1744.

［9］　丁文龙，尹帅，王兴华，等．致密砂岩气储层裂缝评价方法与表征［J］．地学前缘，2015，22(4)：173-187.

［10］　Robin Ausbrooks．Pore-size distribution in vuggy carbonates form core image．NMR and Capillary Pressure［R］．Texas，1999：3-6，139-152.

［11］　郭威，姚艳斌，刘大锰，等．基于核磁冻融技术的煤的孔隙测试研究［J］．石油与天然气地质，2016，01：141-148.

［12］　Yao Y B，Liu D M，Che Y，et al．Non-destructive characterization of coal samples from China using microfocus X ray computed tomography［J］．International Journal of Coal Geology，2009，80：113-123.

［13］　陶树，王延斌，汤达祯，等．沁水盆地南部煤层孔隙-裂隙系统及其对渗透率的贡献［J］．高校地质学报，2012，18(3)：522-527.

［14］　Pan J，Zhu H，Hou Q，et al．Macromolecular and pore structures of Chinese tectonically deformed coal studied by atomic force microscopy［J］．Fuel，2015，139：94-101.

［15］　Yao S P，Jiao K，Zhang K，et al．An atomic force microscopy study of coalnanopore-structure［J］．Science Bulletin，2011，56(25)：2706-2712.

［16］　Giffin S，Littke R，Klaver J，et al．Application of BIB-SEM technology to characterize macropore morphology in coal［J］．International Journal of Coal Geology，2013，114(4)：

85-95.

[17] Yi J, Akkutlu I Y, Karacan C Ö, Clarkson C R. Gas sorption and transport in coals：A poroelastic medium approach ［J］. Int J Coal Geol, 2009, 77：137-144.

[18] Yao Y B, Liu D M. Advanced characterization of pores and fractures in coals by nuclear magnetic resonance and X-ray computed tomography ［J］. Science China：Earth Sciences, 2010, 53(6)：854-862.

[19] Padhy G S, Lemaire C, Amirtharaj E S, et al. Pore size distribution in multiscale porous media as revealed by DDIF-NMR, mercury porosimetry and statistical image analysis ［J］. Colloids & Surfaces A Physicochemical & Engineering Aspects, 2007, 300 (1-2)：222-234.

[20] Biswal B, Oren P E, Held R J, et al. Modeling of multiscale porous media ［J］. Image Analysis & Stereology, 2009, 28(1)：23-34.

[21] 李仲东, 周文, 吴永平. 我国煤层气储层异常压力的成因分析 ［J］. 矿物岩石, 2004, 24(4)：87-92.

[22] Liu A H, Fu X H, Wang K X, et al. Investigation of coalbed methane potential in low-rank coal reservoirs-Free and soluble gas contents ［J］. Fuel, 2013, 112(3)：14-22.

[23] 周秦, 田辉, 陈桂华, 等. 页岩孔隙水中溶解气的主控因素与地质模型 ［J］. 煤炭学报, 2013, 38(5)：800-804.

[24] 吴财芳, 王聪, 姜玮. 黔西比德-三塘盆地煤储层异常高压形成机制 ［J］. 地球科学（中国地质大学学报）, 2014, 39(01)：73-78.

[25] 姚艳斌, 刘大锰, 汤达祯, 等. 沁水盆地煤储层微裂隙发育的煤岩学控制机理 ［J］. 中国矿业大学学报, 2010, 39(01)：6-13.

[26] 傅雪海, 邢雪, 刘爱华, 等. 华北地区各类煤储层孔隙、吸附特征及试井成果分析 ［J］. 天然气工业, 2011, 31(12)：72-75.

[27] 刘大锰, 李振涛, 蔡益栋. 煤储层孔-裂隙非均质性及其地质影响因素研究进展 ［J］. 煤炭科学技术, 2015, 43(02)：10-15.

[28] 宋金星, 苏现波, 王乾, 等. 考虑微孔超压环境的煤储层含气量计算方法 ［J］. 天然气工业, 2017, 37, 44(2)：20-26.

[29] 王岩, 李丽琴, 张筱青. 煤中惰质组在泥炭沼泽古环境研究中的应用 ［J］. 地质论评, 2016, 62(2)：375-380.

[30] 林晓英, 苏现波. 安阳矿区双全井田煤层气赋存特征分析 ［J］. 矿业安全与环保, 2007, 34(4)：18-20.

[31] 王宇锋. 铁新井田太原组煤层硫化氢成因分析 ［J］. 辽宁工程技术大学学报：自然科学版, 2015, 34(10)：1137-1142.

[32] 李霞, 曾凡桂, 司加康, 等. 不同变质程度煤的高分辨率透射电镜分析 ［J］. 燃料化学

学报，2016，44(3)：279-286.

[33] 秦勇，申建，沈玉林. 叠置含气系统共采兼容性——煤系"三气"及深部煤层气开采中的共性地质问题 [J]. 煤炭学报，2016，41(1)：14-23.

[34] 曹代勇，刘亢，刘金城，等. 鄂尔多斯盆地西缘煤系非常规气共生组合特征 [J]. 煤炭学报，2016，41(2)：277-285.

[35] 孙泽飞. 临兴区块煤系非常规天然气共采可行性地质评价 [D]. 北京：中国矿业大学，2016.

[36] 苏现波，陈江峰，孙俊民，等. 煤层气地质学与勘探开发 [M]. 北京：科学出版社，2001.

[37] 苏现波，林晓英. 煤层气地质学 [M]. 北京：煤炭工业出版社，2009.

[38] 林腊梅，张金川，唐玄，等. 中国陆相页岩气的形成条件 [J]. 天然气工业，2013，33(1)：35-40.

[39] Liu J, Yao Y B, Zhu Z J, et al. Experimental investigation of reservoir characteristics of the upper OrdovicianWufeng Formation shale in middle-upper Yangtze region, China [J]. Energy Exploration & Exploitation, 2016, 34 (4)：527-542.

[40] Liu J, Yao Y B, Elsworth D, et al. Sedimentary characteristics of the Lower Cambrian Niutitang shale in the southeastmargin of Sichuan Basin, China [J]. Journal of Natural Gas Science and Engineering, 2016, 36：1140-1150.

[41] 郭彤楼. 中国式页岩气关键地质问题与成藏富集主控因素 [J]. 石油勘探与开发，2016，43(3)：317-326.

[42] 魏国齐，张福东，李君，等. 中国致密砂岩气成藏理论进展 [J]. 天然气地球科学，2016，27(2)：199-210.

[43] 张婷，王冉，朱丹丹. 赣东北古生界 3 套富有机质页岩的岩矿特征及意义 [J]. 中国矿业大学学报，2017，46(1)：139-147.

[44] 吉利明，吴远东，贺聪，等. 富有机质泥页岩高压生烃模拟与孔隙演化特征 [J]. 石油学报，2016，37(2)：172-181.

[45] Jarvie D M, Hill R J, Ruble T E, et al. Unconventional shale-gas systems：The Mississippian Barnett Shale of north-central Texas as one model for thermogenic shale-gas assessment [J]. AAPG Bulletin, 2007, 91(4)：475-499.

[46] Ross D J K, Bustin R M. Characterizing the shale gas resource potential of Devonian-Mississippian strata in the Western Canada sedimentary basin：application of anintegrated formation evaluation [J]. AAPG Bulletin, 2008, 92：87-125.

[47] 肖钢，唐颖. 页岩气及其勘探开发 [M]. 北京：高等教育出版社，2012.

[48] 聂海宽. 页岩气聚集机理及其应用 [D]. 北京：中国地质大学，2010.

[49] 张小龙，张同伟，李艳芳，等. 页岩气勘探和开发进展综述 [J]. 岩性油气藏，2013，25

(2)：116-122.

[50] 邹才能，董大忠，王社教，等. 中国页岩气形成机理、地质特征及资源潜力 [J]. 石油勘探与开发，2010，37(6)：641-652.

[51] Bustin R M，Bustin A M M，Cui A，et al. Impact of shale properties on pore structure and storage characteristics [C]. Society of Petroleum Engineers，2008.

[52] 周守为. 页岩气勘探开发技术 [M]. 北京：石油工业出版社，2013.

[53] HuangHandong，Ji Yongzhen，Zhang Cheng，Liu Chenghan. Application of seismic liquid identification method in prediction of shale gas "sweet spots" in Sichuan Basin [J]. Journal of Palaeogeography，2013，15(5)：672-678.

[54] 查明，苏阳，高长海，等. 致密储层储集空间特征及影响因素——以准噶尔盆地吉木萨尔凹陷二叠系芦草沟组为例 [J]. 中国矿业大学学报，2017，46(1)：85-95.

[55] Ma B，Cao Y，Jia Y. Feldspar dissolution with implications for reservoir quality in tight gas sandstones：evidence from the Eocene Es4 interval，Dongying Depression，Bohai Bay Basin，China [J]. Journal of Petroleum Science & Engineering，2017，150：74-84.

[56] 蒋平，穆龙新，张铭，等. 中石油国内外致密砂岩气储层特征对比及发展趋势 [J]. 天然气地球科学，2015，26(6)：1095-1105.

[57] 司马立强，王超，王亮，等. 致密砂岩储层孔隙结构对渗流特征的影响——以四川盆地川西地区上侏罗统蓬莱镇组储层为例 [J]. 天然气工业，2016，36(12)：18-25.

[58] 谢英刚，秦勇，叶建平，等. 临兴地区上古生界煤系致密砂岩气成藏条件分析 [J]. 煤炭学报，2016，41(1)：181-191.

[59] 杨茜，付玲. 致密砂岩气的成藏机理及勘探前景 [J]. 断块油气田，2012，19(3)：302-306.

[60] Yin S，Ding W，Zhou W，et al. In situ stress field evaluation of deep marine tight sandstone oil reservoir：A case study of Silurian strata in northernTazhong area，Tarim Basin，NW China [J]. Marine & Petroleum Geology，2017，80：49-69.

[61] 梁冰，石迎爽，孙维吉，等. 中国煤系"三气"成藏特征及共采可能性 [J]. 煤炭学报，2016，41(1)：167-173.

[62] Cumella S P，Shanley K W，Camp W K. 致密砂岩气勘探与开发 [M]. 北京：石油工业出版社，2014.

[63] 傅成玉. 非常规油气资源勘探开发 [M]. 北京：中国石化出版社，2015.

[64] 张金川，边瑞康，荆铁亚，等. 页岩气理论研究的基础意义 [J]. 地质通报，2011，30(Z1)：318-323.

[65] Chen Z，Liu J，Kabir A，et al. Impact of various parameters on the production of coalbed methane [J]. SPE Journal，2013，18(05)：910-923.

[66] 李相方，蒲云超，孙长宇，等. 煤层气与页岩气吸附/解吸的理论再认识 [J]. 石油学

报，2014，35(6)：1113-1129.

[67] Zhao J，Zhou L，Ma J，et al. Numerical simulation study of fracturing wells for shale gas with gas-water two-phase flow system under desorption and diffusion conditions [J]. Journal of Natural Gas Geoscience，2016，1(3)：251-256.

[68] Bumb A C，McKee C R. Gas-well testing in the presence of desorption for coalbed methane and devonian shale [J]. SPE Formation Evaluation，1988，3(01)：179-185.

[69] Chai D，Yang G，Fan Z，et al. Gas transport in shale matrix coupling multilayer adsorption and pore confinement effect [J]. Chemical Engineering Journal，2019，370：1534-1549.

[70] Zou J，Rezaee R，Xie Q，et al. Characterization of the combined effect of high temperature and moisture on methane adsorption in shale gas reservoirs [J]. Journal of Petroleum Science and Engineering，2019，182：106353.

[71] Guo X，Shen Y，He S. Quantitative pore characterization and the relationship between pore distributions and organic matter in shale based on Nano-CT image analysis：a case study for a lacustrine shale reservoir in the Triassic Chang 7 member，Ordos Basin，China [J]. Journal of Natural Gas Science and Engineering，2015，27：1630-1640.

[72] LI J，Fei L，WANG H，et al. Desorption characteristics of coalbed methane reservoirs and affecting factors [J]. Petroleum Exploration and Development，2008，35(1)：52-58.

[73] Wan Y，Liu Y，Ouyang W，et al. Desorption area and pressure-drop region of wells in a homogeneous coalbed [J]. Journal of Natural Gas Science and Engineering，2016，28：1-14.

[74] Li R，Wang S，Lyu S，et al. Dynamic behaviours of reservoir pressure during coalbed methane production in the southern Qinshui Basin，North China [J]. Engineering Geology，2018，238：76-85.

[75] Wu J，Yu J，Wang Z，et al. Experimental investigation on spontaneous imbibition of water in coal：Implications for methane desorption and diffusion [J]. Fuel，2018，231：427-437.

[76] Guo H，Yuan L，Cheng Y，et al. Effect of moisture on the desorption and unsteady-state diffusion properties of gas in low-rank coal [J]. Journal of Natural Gas Science and Engineering，2018，57：45-51.

[77] 刘嘉. 页岩气多尺度运移特征与协同机理研究 [D]. 徐州：中国矿业大学，2019.

[78] Meng Y，Li Z. Experimental study on diffusion property of methane gas in coal and its influencing factors [J]. Fuel，2016，185：219-228.

[79] Wu H，Yao Y，Liu D，et al. An analytical model for coalbed methane transport through nanopores coupling multiple flow regimes [J]. Journal of Natural Gas Science and Engineering，2020，82：103500.

［80］ Hou P, Gao F, He J, et al. Shale gas transport mechanisms in inorganic and organic pores based on lattice Boltzmann simulation ［J］. Energy Reports, 2020, 6: 2641-2650.

［81］ Zhang L, Liu X, Zhao Y, et al. Effect of pore throat structure on micro-scale seepage characteristics of tight gas reservoirs ［J］. Natural Gas Industry B, 2020, 7(2): 160-167.

［82］ Zhang L, Shan B, Zhao Y, et al. Review of micro seepage mechanisms in shale gas reservoirs ［J］. International Journal of Heat and Mass Transfer, 2019, 139: 144-179.

［83］ Jing Y, Rabbani A, Armstrong R T, et al. A hybrid fracture-micropore network model formultiphysics gas flow in coal ［J］. Fuel, 2020, 281: 118687.

［84］ Zhong Y, She J, Zhang H, et al. Experimental and numerical analyses of apparent gas diffusion coefficient in gas shales ［J］. Fuel, 2019, 258: 116123.

［85］ Carlson E S, Mercer J C. Devonian shale gas production: mechanisms and simple models ［J］. Journal of Petroleum technology, 1991, 43(04): 476-482.

［86］ Pillalamarry M, Harpalani S, Liu S. Gas diffusion behavior of coal and its impact on production from coalbed methane reservoirs ［J］. International Journal of Coal Geology, 2011, 86(4): 342-348.

［87］ Yu H, Zhu Y B, Jin X, et al. Multiscale simulations of shale gas transport in micro/nano-porous shale matrix considering pore structure influence ［J］. Journal of Natural Gas Science and Engineering, 2019, 64: 28-40.

［88］ Chen J H, Althaus S M, Liu H H, et al. Shale gas transport in rock matrix: Diffusion in the presence of surface adsorption and capillary condensation ［J］. Journal of Natural Gas Science and Engineering, 2019, 66: 18-25.

［89］ Tan Y, Pan Z, Liu J, et al. Experimental study of impact of anisotropy and heterogeneity on gas flow in coal. Part II: Permeability ［J］. Fuel, 2018, 230: 397-409.

［90］ Meng Y, Li Z. Experimental comparisons of gas adsorption, sorption induced strain, diffusivity and permeability for low and high rank coals ［J］. Fuel, 2018, 234: 914-923.

［91］ Yin Y, Qu Z G, Zhang T, et al. Three-dimensional pore-scale study of methane gas mass diffusion in shale with spatially heterogeneous and anisotropic features ［J］. Fuel, 2020, 273: 117750.

［92］ Pan Z, Connell L D, Camilleri M, et al. Effects of matrix moisture on gas diffusion and flow in coal ［J］. Fuel, 2010, 89(11): 3207-3217.

［93］ 倪小明, 苏现波, 张小东. 煤层气开发地质学 ［M］. 北京: 化学工业出版社, 2010, 116- 125.

［94］ 张双斌. 基于"三场"耦合的煤层气井排采控制理论与应用 ［D］. 焦作: 河南理工大学, 2014.

［95］ 郭晶晶. 基于多重运移机制的页岩气渗流机理及试井分析理论研究 ［D］. 成都: 西南石

油大学，2013.

[96] Reeves S, Pekot L. Advanced reservoir modeling in desorption-controlled reservoirs [C]// SPE Rocky Mountain Petroleum Technology Conference. Society of Petroleum Engineers, 2001.

[97] Ozkan E, Raghavan R S, Apaydin O G. Modeling of fluid transfer from shale matrix to fracture network [C]// SPE Annual Technical Conference and Exhibition. Society of Petroleum Engineers, 2010.

[98] Thararoop P, Karpyn Z T, Ertekin T. Development of a multi-mechanistic, dual-porosity, dual-permeability, numerical flow model for coalbed methane reservoirs [J]. Journal of Natural Gas Science and Engineering, 2012, 8: 121-131.

[99] 张先敏，同登科. 煤层气三孔双渗流动模型及压力分析 [J]. 力学季刊，2008，29(4)：578-582.

[100] Zou M, Wei C, Yu H, et al. Modeling and application of coalbed methane recovery performance based on a triple porosity/dual permeability model [J]. Journal of Natural Gas Science and Engineering, 2015, 22: 679-688.

[101] 郭肖，汪志明，曾泉树. 煤层气/砂岩气混合气藏合采产能预测及排采优化 [J]. 科学技术与工程，2019 (17)：22.

[102] Fang B, Hu J, Xu J, et al. A semi-analytical model for horizontal-well productivity in shale gas reservoirs: Coupling of multi-scale seepage and matrix shrinkage [J]. Journal of Petroleum Science and Engineering, 2020, 195: 107869.

[103] Zhao J, Tang D, Xu H, et al. A dynamic prediction model for gas-water effective permeability in unsaturated coalbed methane reservoirs based on production data [J]. Journal of Natural Gas Science and Engineering, 2014, 21: 496-506.

[104] Chen S, Yang T, Ranjith P G, et al. Mechanism of the two-phase flow model for water and gas based on adsorption and desorption in fractured coal and rock [J]. Rock Mechanics and Rock Engineering, 2017, 50(3): 571-586.

[105] Liu J, Chen Z, Elsworth D, et al. Interactions of multiple processes during CBM extraction: a critical review [J]. International Journal of Coal Geology, 2011, 87(3-4): 175-189.

[106] 傅春梅，唐海，邹一锋，等. 应力敏感对苏里格致密低渗气井废弃压力及采收率的影响研究 [J]. 岩性油气藏，2009，21(4)：96-98.

[107] Zhong X, Zhu Y, Liu L, et al. The characteristics and influencing factors of permeability stress sensitivity of tight sandstone reservoirs [J]. Journal of Petroleum Science and Engineering, 2020, 191: 107221.

[108] Liu T, Lin B, Yang W. Impact of matrix-fracture interactions on coal permeability:

model development and analysis [J]. Fuel, 2017, 207: 522-532.

[109] Wang C, Zhai P, Chen Z, et al. Experimental study of coal matrix-cleat interaction under constant volume boundary condition [J]. International Journal of Coal Geology, 2017, 181: 124-132.

[110] Wang K, Du F, Wang G. Investigation of gas pressure and temperature effects on the permeability and steady-state time of Chinese anthracite coal: An experimental study [J]. Journal of Natural Gas Science and Engineering, 2017, 40: 179-188.

[111] Meng Y, Wang J Y, Li Z, et al. An improved productivity model in coal reservoir and its application during coalbed methane production [J]. Journal of Natural Gas Science and Engineering, 2018, 49: 342-351.

[112] Liu Z, Cheng Y, Wang L, et al. Analysis of coal permeability rebound and recovery during methane extraction: Implications for carbon dioxide storage capability assessment [J]. Fuel, 2018, 230: 298-307.

[113] Shi J Q, Durucan S. Modelling laboratory horizontal stress and coal permeability data using S&D permeability model [J]. International Journal of Coal Geology, 2014, 131: 172-176.

[114] Chen D, Pan Z, Liu J, et al. An improved relative permeability model for coal reservoirs [J]. International Journal of Coal Geology, 2013, 109: 45-57.

[115] Klinkenberg L J. The permeability of porous media to liquids and gases [C]// Drilling and production practice. American Petroleum Institute, 1941.

[116] 肖晓春. 滑脱效应影响的低渗透储层煤层气运移规律研究 [D]. 阜新：辽宁工程技术大学, 2009.

[117] Ma Q, Harpalani S, Liu S. A simplified permeability model for coalbed methane reservoirs based on matchstick strain and constant volume theory [J]. International Journal of Coal Geology, 2011, 85(1): 43-48.

[118] Mazumder S, Karnik A A, Wolf K H A A. Swelling of coal in response to CO_2 sequestration for ECBM and its effect on fracture permeability [J]. SPE Journal, 2006, 11 (03): 390-398.

[119] Seidle J P, Jeansonne M W, Erickson D J. Application of matchstick geometry to stress dependent permeability in coals [C]// SPE rocky mountain regional meeting. Society of Petroleum Engineers, 1992.

[120] Palmer I, Mansoori J. How permeability depends on stress and pore pressure in coalbeds: a new model [C]// SPE annual technical conference and exhibition. Society of Petroleum Engineers, 1996.

[121] Shi J Q, Durucan S. A model for changes in coalbed permeability during primary and

enhanced methane recovery [J]. SPE Reservoir Evaluation & Engineering, 2005, 8 (04): 291-299.

[122] Cui X, Bustin R M. Volumetric strain associated with methane desorption and its impact on coalbed gas production from deep coal seams [J]. AAPG Bulletin, 2005, 89 (9): 1181-1202.

[123] Corey A T, Rathjens C H. Effect of stratification on relative permeability [J]. Journal of Petroleum Technology, 1956, 8(12): 69-71.

[124] Li K. More general capillary pressure and relative permeability models from fractal geometry [J]. Journal of contaminant hydrology, 2010, 111(1-4): 13-24.

[125] Xu H, Tang D Z, Tang S H, et al. A dynamic prediction model for gas-water effective permeability based on coalbed methane production data [J]. International Journal of Coal Geology, 2014, 121: 44-52.

[126] Yang B, Kang Y, Li X, et al. An integrated method of measuring gas permeability and diffusion coefficient simultaneously via pressure decay tests in shale [J]. International Journal of Coal Geology, 2017, 179: 1-10.

[127] Xiangdong Y, Jiang S, YanLu L, et al. Impact of pore structure and clay content on the water-gas relative permeability curve within tight sandstones: A case study from the LS block, eastern Ordos Basin, China [J]. Journal of Natural Gas Science and Engineering, 2020, 81: 103418.

[128] Clarkson C R, Rahmanian M R, Kantzas A, et al. Relative permeability of CBM reservoirs: controls on curve shape [C]// Canadian Unconventional Resources and International Petroleum Conference. OnePetro, 2010.

[129] Shen J, Qin Y, Li Y, et al. Experimental investigation into the relative permeability of gas and water in low-rank coal [J]. Journal of Petroleum Science and Engineering, 2019, 175: 303-316.

[130] Zhong Y, Zhang H, Chao S, et al. Gas transport mechanisms in micro-and nano-scale matrix pores in shale gas reservoirs [J]. Chemistry and Technology of Fuels and Oils, 2015, 51(5): 545-555.

[131] Su X, Wang Q, Song J, et al. Experimental study of water blocking damage on coal [J]. Journal of Petroleum Science and Engineering, 2017, 156: 654-661.

[132] Zhang C, Yu Q. The effect of water saturation on methane breakthrough pressure: An experimental study on the Carboniferous shales from the eastern Qaidam Basin, China [J]. Journal of hydrology, 2016, 543: 832-848.

[133] Sima L, Wang C, Wang L, et al. Effect of pore structure on the seepage characteristics of tight sandstone reservoirs: A case study of Upper Jurassic Penglaizhen Fm reservoirs

in the western Sichuan Basin [J]. Natural Gas Industry B, 2017, 4(1): 17-24.

[134] Zhang H, Zhong Y, Kuru E, et al. Impacts of permeability stress sensitivity and aqueous phase trapping on the tight sandstone gas well productivity-A case study of the Daniudi gas field [J]. Journal of Petroleum Science and Engineering, 2019, 177: 261-269.

[135] 李广军, 郭烈锦, 陈学俊, 等. 水平矩形管内气液两相流界面波特性 [J]. 化工学报, 1997, 6(48): 740-745.

[136] Su X, Yao S, Song J, et al. The discovery and control of slug flow in coalbed methane reservoir [J]. Journal of Petroleum Science and Engineering, 2019, 172: 115-123.

[137] DZ/T 0216—2020. 煤层气储量估算规范.

[138] DZ/T 0254—2020. 页岩气资源量和储量估算规范.

[139] 汪少勇, 李建忠, 李登华, 等. EUR 分布类比法在川中地区侏罗系致密油资源评价中的应用 [J]. 天然气地球科学, 2014, 25(11): 1757-1766.

[140] 徐秋枫. 川东北元坝区块页岩气资源评价及方法探究 [D]. 北京: 中国地质大学, 2013.

[141] King G R. Material-Balance Techniques for Coal-Seam and Devonian Shale Gas Reservoirs With Limited Water Influx [J]. SPE Reservoir Engineering, 1993, 8(1): 67-72.

[142] Lee W J, Sidle R. Gas-Reserves Estimation in Resource Plays [J]. SPE Economics & Management, 2010, 2(2): 86-91.

[143] 张金川, 林腊梅, 李玉喜, 等. 页岩气资源评价方法与技术 [J]. 地学前缘, 2012, 19(2): 184- 191.

[144] 李贵中, 杨健, 王红岩, 等. 煤层气储量计算及其参数评价方法 [J]. 天然气工业, 2008, 28(3): 83-84.

[145] 李勇, 汤达祯, 许浩, 等. 国外典型煤层气盆地可采资源量计算 [J]. 煤田地质与勘探, 2014(2): 23-27.

[146] 李俊乾, 刘大锰, 姚艳斌, 等. 基于主地质参数的煤层气有利开发区优选及应用 [J]. 现代地质, 2014(3): 653-658.

[147] 邵龙义, 侯海海, 唐跃, 等. 中国煤层气勘探开发战略接替区优选 [J]. 天然气工业, 2015, 35(3): 1-11.

[148] 庞湘伟. 煤层气含量快速测定方法 [J]. 煤田地质与勘探, 2010, 38(1): 29-32.

[149] 鲜学福, 辜敏. 有关间接法预测煤层气含量的讨论 [J]. 中国工程科学, 2006, 8(8): 15-22.

[150] 庞湘伟, 景兴鹏, 王伟峰, 等. 基于加温解吸法的煤层气含量实验研究 [J]. 煤矿安全, 2010, 41(11): 1-3.

[151] 邓泽, 刘洪林, 康永尚. 煤层气含气量测试中损失气量的估算方法 [J]. 天然气工业, 2008, 28(3): 85-86.

[152] Schlumberger. Log Interpretation principles [J]. Schlumberger Educational Services，1989.

[153] Bardon C，Pied B. Formation Water Saturation In ShalySands [J]. Geoscience & Remote Sensing IEEE Transactions on，1969，45(3)：746-755.

[154] Amiri M，Yunan M H，Zahedi G，et al. Introducing new method to improve log derived saturation estimation in tight shaly sandstones——A case study from Mesaverde tight gas reservoir [J]. Journal of Petroleum Science & Engineering，2012，92-93(11)：132-142.

[155] Cao Q，Zhou W，Deng H，et al. Classification and controlling factors of organic pores in continental shale gas reservoirs based on laboratory experimental results [J]. Journal of Natural Gas Science & Engineering，2015，27：1381-1388.

[156] 邵龙义，王学天，鲁静，等. 再论中国含煤岩系沉积学研究进展及发展趋势 [J]. 沉积学报，2017，35(5)：16.

[157] 左兆喜，张晓波，陈尚斌，等. 煤系页岩气储层非均质性研究——以宁武盆地太原组和山西组为例 [J]. 地质学报，2017，91(5)：1130-1140.

[158] 张晓波，司庆红，左兆喜，等. 陆相煤系页岩气储层孔隙特征及其主控因素 [J]. 地质学报，2016，90(10)：2930-2938.

[159] Fishman N S，Hackley P C，Lowers H A，et al. The nature of porosity in organic-rich mudstones of the Upper Jurassic Kimmeridge Clay Formation，North Sea，offshore UnitedKingdom [J]. International Journal of Coal Geology，2012，103(23)：32-50.

[160] Pan J，Peng C，Wan X，et al. Pore structure characteristics of coal-bearing organic shale in Yuzhou coalfield，China using low pressure N2，adsorption and FESEM methods [J]. Journal of Petroleum Science & Engineering，2017，153.

[161] GB/T 21650.1—2008. 压汞法和气体吸附法测定固体材料孔径分布和孔隙度 第 1 部分：压汞法.

[162] GB/T 21650.2—2008. 压汞法和气体吸附法测定固体材料孔径分布和孔隙度 第 2 部分：气体吸附法分析介孔和大孔.

[163] GB/T 21650.3—2011. 压汞法和气体吸附法测定固体材料孔径分布和孔隙度 第 3 部分：气体吸附法分析微孔.

[164] Hui T，Lei P，Xiao X，et al. A preliminary study on the pore characterization of Lower Silurian black shales in the Chuandong Thrust Fold Belt，southwestern China using low pressure N2 adsorption and FE-SEM methods [J]. Marine & Petroleum Geology，2013，48：8-19.

[165] Liu X，Xiong J，Liang L. Investigation of pore structure and fractal characteristics of organic-rich Yanchang formation shale in central China by nitrogen adsorption/desorption analysis [J]. Journal of Natural Gas Science & Engineering，2014，22(7)：62-72.

[166] Löhr S C, Baruch E T, Hall P A, et al. Is organic pore development in gas shales influenced by the primary porosity and structure of thermally immature organic matter? [J]. Organic Geochemistry, 2015, 87(3): 119-132.

[167] 苏现波, 马耕, 宋金星, 等. 煤系气储层缝网改造技术及应用 [M]. 北京: 科学出版社, 2017.

[168] 苏现波, 司青, 王乾. 煤变质演化过程中的 XRD 响应 [J]. 河南理工大学学报(自然科学版), 2016, 35(04): 487-492.

[169] 苏现波, 司青, 宋金星. 煤的拉曼光谱特征 [J]. 煤炭学报, 2016, 41(05): 1197-1202.

[170] 苏现波, 陈润, 林晓英, 等. 吸附势理论在煤层气吸附/解吸中的应用 [J]. 地质学报, 2008(10): 1382-1389.

[171] Dubinin M M. The potential theory of adsorption of gases andvapors for adsorbents with energetically nonuniform surfaces [J]. Chem. Rev., 1960. 60: 235 241.

[172] 王存武, 邹华耀. 利用流体包裹体获取含气盆地古地层压力的新方法 [J]. 天然气勘探与开发, 2013, 36(01): 28-32, 82.

[173] 刘德汉, 宫色, 刘东鹰, 等. 江苏句容-黄桥地区有机包裹体形成期次和捕获温度、压力的 PVTsim 模拟计算 [J]. 岩石学报, 2005(05): 1435-1448.

[174] 刘中云, 王东风, 肖贤明, 等. 库车依南 2 井包裹体形成的古温度古压力 [J]. 新疆石油地质, 2004(04): 369-371.

[175] 张俊武, 邹华耀, 李平平, 等. 含烃盐水包裹体 PVT 模拟新方法及其在气藏古压力恢复中的应用 [J]. 石油实验地质, 2015, 37(01): 102-108.

[176] 赵爱红, 廖毅, 唐修义. 煤的孔隙结构分形定量研究 [J]. 煤炭学报, 1998(1-6).

[177] 傅雪海, 秦勇等. 基于煤层气运移的煤孔隙分形分类及自然分类研究 [J]. 科学通报, 2005(S1).

[178] 张松航, 唐书恒, 等. 鄂尔多斯盆地东缘煤储层渗流孔隙分形特征 [J]. 中国矿业大学学报. 2009(5).

[179] 戴金星, 秦胜飞, 胡国艺, 等. 新中国天然气勘探开发 70 年来的重大进展 [J]. 石油勘探与开发, 2019, 46(6): 1037-1046.

[180] 贾承造, 郑民, 张永峰. 中国非常规油气资源与勘探开发前景 [J]. 石油勘探与开发, 2012, 39(2).

[181] Wu H L, Pots B F M, Hollenberg J F, et al. Flow pattern transitions in two-phase gas/condensate flow at high pressure in an 8-inch horizontal pipe [C]//Proc. BHRA Conf. The Hague, Netherlands: 1987.

[182] Wang Z, He Y, Li M, et al. Fluid-Structure Interaction of Two-Phase Flow Passing Through 90° Pipe Bend Under Slug Pattern Conditions [J]. China Ocean Engineering, 2021, 35(6): 914- 923.

[183] 曹代勇，李小明，魏迎春，等．单相流驱替物理模拟实验的煤粉产出规律研究 [J]．煤炭学报，2013，38(04)：624-628.

[184] Bandara K，Ranjith P G，Rathnaweera T D，et al. Crushing and embedment of proppant packs under cyclic loading：An insight to enhanced unconventional oil/gas recovery [J]. Geoscience Frontiers，2021，12(6)：100970.

[185] 陈文文，王生维，秦义，等．煤层气井煤粉的运移与控制 [J]．煤炭学报，2014 (S2)：416-421.

[186] 魏迎春，张傲翔，姚征，等．韩城区块煤层气排采中煤粉产出规律研究 [J]．煤炭科学技术，2014，42(2)：85-89.

[187] 于世耀，宋金星，苏现波．煤储层速敏伤害机理及防速敏试验研究 [J]. Coal Science & Technology (0253-2336)，2018，46(6).

[188] 曹代勇，袁远，魏迎春，等．煤粉的成因机制-产出位置综合分类研究 [J]．中国煤炭地质，2012，24(1)：10-12.

[189] 许耀波．煤层气水平井煤粉产出规律及其防治措施 [J]．煤田地质与勘探，2016 (1)：43-46.

[190] 姚征．煤层气开发中固相微粒的成因机理与防治措施研究 [D]．北京：中国矿业大学，2016.

[191] Tang D Z，Deng C M，Meng Y J，et al. Characteristics and control mechanisms of coalbed permeability change in various gas production stages [J]. Petroleum Science，2015，12(4)：684-691.

[192] 刘春花，刘新福，周超．煤层气井排采过程中煤粉运移规律研究 [J]．煤田地质与勘探，2015，43(5)：23-26.

[193] 苏现波，宋金星，郭红玉，等．煤矿瓦斯抽采增产机制及关键技术 [J]. Coal Science & Technology (0253-2336)，2020，48(12).

[194] 王乾．煤系气储层流体运移流态与路径多样性研究 [D]．焦作：河南理工大学，2021.

[195] Fabre J，Liné A．Modeling of two-phase slug flow [J]. Annual review of fluid mechanics，1992，24(1)：21-46.

[196] 雍玉梅，李莎，杨超，等．润湿和非润湿液柱在 T 形微通道内的输运 [J]. Chinese Journal of Chemical Engineering，2013，5.

[197] Xin W，Liejin G U O，Zhang X. Development of liquid slug length in gas-liquid slug flow along horizontal pipeline：experiment and simulation [J]. Chinese Journal of Chemical Engineering，2006，14(5)：626-633.

[198] YANG B，QU H，PU R，et al. Controlling effects of tight reservoir micropore structures on seepage ability：a case study of the Upper Paleozoic of the Eastern Ordos Basin，China [J]. Acta Geologica Sinica-English Edition，2020，94(2)：322-336.

[199] Xia G, Lei C. Influence of surfactant on two-phase flow regime and pressure drop in upward inclined pipes [J]. Journal of Hydrodynamics, 2012, 24(1): 39-49.

[200] Mohammed I, Olayiwola T O, Alkathim M, et al. A review of pressure transient analysis in reservoirs with natural fractures, vugs and/or caves [J]. Petroleum Science, 2021, 18(1): 154-172.

[201] Guo C, Qin Y, Ma D, et al. Pore Structure and Permeability Characterization of High-rank Coal Reservoirs: A Case of the Bide-Santang Basin, Western Guizhou, South China [J]. Acta Geologica Sinica-English Edition, 2020, 94(2): 243-252.

[202] Ai C, Li X X, Zhang J, et al. Experimental investigation of propagation mechanisms and fracture morphology for coalbed methane reservoirs [J]. Petroleum Science, 2018, 15(4): 815-829.

[203] 胡文瑞, 魏漪, 鲍敬伟. 中国低渗透油气藏开发理论与技术进展 [J]. 石油勘探与开发, 2018, 45(4): 646-656.

[204] 徐鹏, 邱淑霞, 姜舟婷, 等. 各向同性多孔介质中 Kozeny-Carman 常数的分形分析 [J]. 重庆大学学报(自然科学版), 2011, 34(4): 78-82.

[205] Yuan Y, Shan Y, Tang Y, et al. Coalbed methane enrichment regularity and major control factors in the Xishanyao Formation in the western part of the southern Junggar Basin [J]. Acta Geologica Sinica-English Edition, 2020, 94(2): 485-500.

[206] Wang Z, Qin Y, Li T, et al. A numerical investigation of gas flow behavior in two-layered coal seams considering interlayer interference and heterogeneity [J]. International Journal of Mining Science and Technology, 2021.

[207] Weisman J, Duncan D, Gibson J, et al. Effects of fluid properties and pipe diameter on two-phase flow patterns in horizontal lines [J]. International Journal of Multiphase Flow, 1979, 5(6): 437-462.

[208] 刘夷平, 姚新红, 张进明, 等. 黏性段塞稳定模型预测水平气液两相流流型转变 [J]. 化学工程, 2016, 44(10): 42-46.

[209] 王少雷. 五里堠井田垂直井煤储层-围岩缝网改造技术 [D]. 焦作: 河南理工大学, 2015.

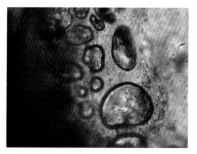

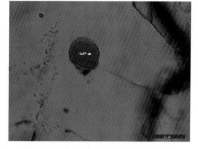

（a）石英颗粒次生加大边，液体包裹体成群分布，
　　原生包裹体，透射光，ZG样品

（b）石英碎屑内部，褐色油包裹体成孤立状分布，
　　原生包裹体，透射光，ZG样品

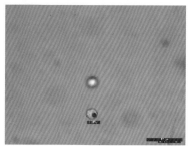

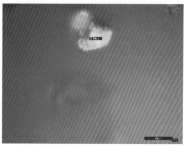

（c）石英颗粒内部，液–固两相包裹体呈孤立状
　　分布，原生包裹体，透射光，ZG样品

（d）石英颗粒内部，蓝色烃包裹体呈孤立状
　　分布，原生包裹体，荧光，ZG样品

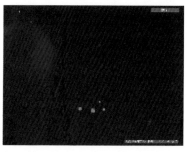

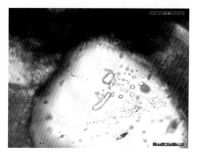

（e）石英颗粒内部，绿色烃包裹体呈孤立状
　　分布，原生包裹体，荧光，ZZ样品

（f）石英颗粒内部、沿愈合裂缝，液体包裹体
　　呈群状和带状分布，原生包裹体和次生包
　　裹体，透射光，ZZ样品

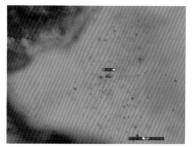

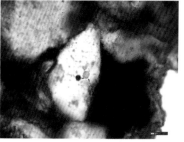

（g）石英碎屑内部，气–液两相包裹体呈
　　群状分布，原生包裹体，透射光，
　　ZZ样品

（h）石英颗粒内部，褐色油包裹体和
　　黑色沥青物质呈孤立状分布，原
　　生包裹体，透射光，ZZ样品

图 4.5

（i）石英碎屑内部，液体包裹体呈
孤立状分布，原生包裹体，透
射光，SH样品

（j）石英碎屑内部，液体包裹体呈
孤立状分布，原生包裹体，透
射光，SH样品

（k）石英颗粒内部，液体包裹体呈
孤立状分布，原生包裹体，透
射光，SH样品

（l）石英碎屑内部，气-液包裹体成
孤立状分布，原生包裹体，透
射光，SH样品

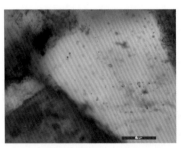

（m）石英碎屑内部，气-液包裹体
呈群状分布，原生包裹体，透
射光，ZM样品

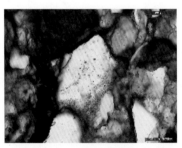

（n）石英碎屑内部、沿愈合裂缝，液体包裹体
呈群状分布，原生包裹体和次生包裹体，
透射光，ZM样品

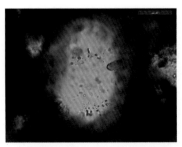

（o）石英颗粒内部，褐色油包裹体和液体
包裹体呈孤立状分布，原生包裹体，
透射光，ZM样品

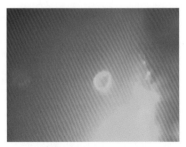

（p）石英颗粒内部，蓝色烃包裹体成
孤立状分布，原生包裹体，荧光，
ZM样品

图 4.5　3# 煤层和二₁煤层流体包裹体岩相特征

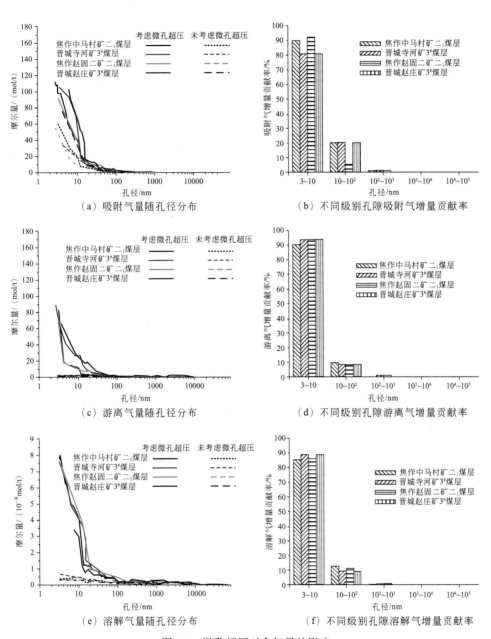

图 5.1　微孔超压对含气量的影响

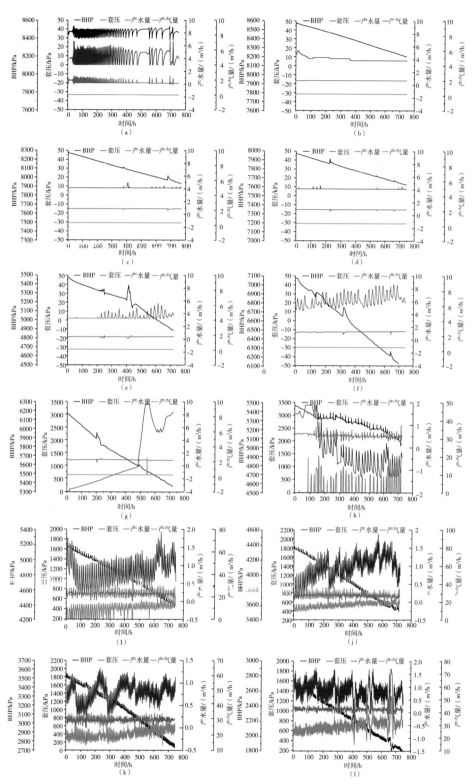

图 6.40　01 井排采数据［(a) ～ (1) 分别为 2016 年 12 月～ 2017 年 11 月每月的排采数据］

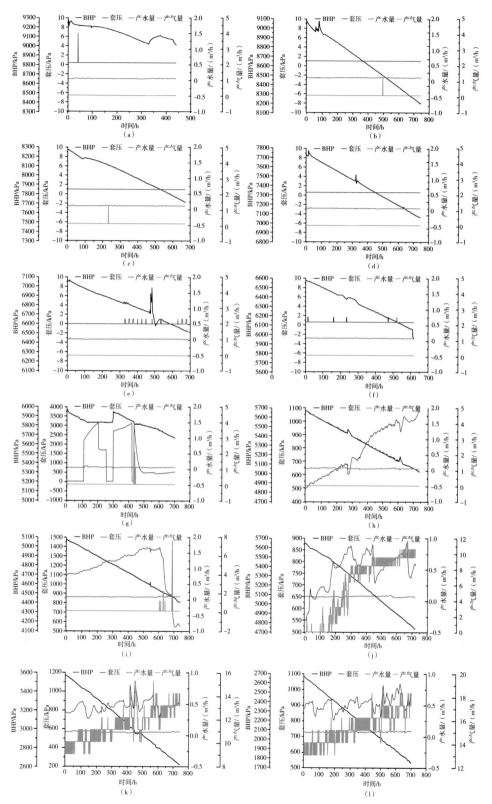

图 6.42　01 井排采数据［(a)～(l) 分别为 2016 年 12 月～ 2017 年 11 月这 12 个月的排采数据］